山海经
神农历险记
海南篇

郭晓东 ◎ 著
灌木文化 ◎ 绘

天地出版社 | TIANDI PRESS

小猪屏蓬

《山海经》中的异兽，是一头长着两个脑袋的猪，总是自称"天蓬元帅猪战神"。鼻子非常灵敏，可以追踪到瘟兽的气味。法宝是小祥云和九齿钉耙。绝招是猪猪乾坤屁。

狐翎（líng）

《山海经》中青丘国的九尾狐小公主，长着九条尾巴。胸前挂着一根漂亮的羽毛，叫聪明毛。坐骑是毕方鸟。主要技能是神火召唤术和读心术。

郭半仙

《山海经》中的大神仙——西王母手下的图书管理员，在大冒险中是一个知识渊博的万事通。主要法宝是桃木剑、乾坤圈和昆仑镜。

神农

牛头人身，头上有两根短粗的牛角，长着宽鼻子、厚嘴唇，肚子是透明的。力气大，跑得非常快。主要法宝是青铜药鼎和赭（zhě）鞭。在关键时刻，能够召唤植物精灵来对抗四大瘟兽。

蜚（fěi）

《山海经》中的瘟兽，外形像头牛，头部是白色的，只有一只眼睛，身后拖着一条蛇尾巴。攻击技能是死寂术：所到之处，河水断流，草木枯萎。逃跑方式是变成一群黑色的牛虻（méng）飞走。

跂（qǐ）踵（zhǒng）

《山海经》中的瘟兽，外形像只猫头鹰，会飞，只有一条腿，还有一条光秃秃的猪尾巴。攻击技能是释放倒霉光环。逃跑方式是化作一团黑雾消失。

絜（xié）钩（gōu）

《山海经》中的瘟兽，外形像只鸭子，会飞，长着一条老鼠尾巴，擅长攀登树木。攻击技能是毒气麻痹术。逃跑方式是化作一团妖气飘走。

猴（lì）

《山海经》中的瘟兽，外形像刺猬，全身赤红。攻击技能是发射有毒的尖刺。逃跑方式是在地上打洞，然后钻进洞里逃走。

目录

海南省瘟兽闯南山
观音阁神农遇木棉

　　我是一个专门给孩子写故事的人，宝贝们都叫我晓东叔叔。我是一个喜欢穿越的冒险家，经常带着我的两个小徒弟穿越时空，然后把我们的冒险经历写进我的故事里。我的两个小徒弟都来自《山海经》描写的那个神秘的远古世界，他们分别是天蓬元帅的前世——小猪屏蓬和青丘国的九尾狐小公主——狐翎。

　　这一次冒险的起因是，我们收到西王母的指令：帮助神农捉拿穿越到现实世界的"山海经四大瘟兽"。从在湖北的神农架找到神农开始，我们已经和瘟兽们进行了无数场激烈的战斗，粉碎了他们一次次的阴谋。直到现在，我们还在坚持不懈地追捕瘟兽……

　　我和狐翎摆弄着昆仑镜，发现四只瘟兽这次竟然一路向南跑向了南海，登上了一个大岛。狐翎惊叫一声："瘟兽可真能跑啊，这次竟然跑到海南岛去了！"

我点点头："确切地说，他们跑到了海南省三亚市的**南山文化旅游区**，距离四川省剑门关景区 2000 多千米。我记得南山文化旅游区是个佛教旅游胜地，旅游区内有座海上观音像，高 108 米，比乐山大佛还高 30 多米；还有收藏在金玉观音阁里的八臂金玉观音像，有 3.8 米高，都非常有名。"

景区知识卡：南山文化旅游区

南山文化旅游区位于海南省三亚市西南 40 千米处。南山的空气质量和海水质量排在全国前列，森林覆盖率为 97%，是一个展示中国佛教文化的大型园区。据说唐代著名的鉴真法师为了弘扬佛法曾五次东渡日本没有成功，第五次漂流到南山，在这里居住了一年半，并建造了佛寺，传法布道。

小猪屏蓬疑惑地问："晓东叔叔，观音不是很厉害的吗？瘟兽跑到观音菩萨眼皮底下去闹事，那不是自寻死路吗？"

我笑了："我在四川青城山时就说过，瘟兽来自三四千年前的《山海经》世界，脑子里根本没有佛教和道教的概念。佛教从印度传入中国是在汉朝，盛行于隋唐时期，距今才2000多年，张道陵创建道教也就1800多年，所以瘟兽根本不知道观音是什么。不管是佛教圣地还是道教圣地，瘟兽只知道那里有仙灵之气，有法宝。"

狐翎开心地说道："我记得南山是中国位置最靠南的一座山，传说观音菩萨曾经发了十二大愿，其中一个就是'常居南海愿'。这次瘟兽跑到观音菩萨的地盘捣乱，对咱们来说可是个活捉他们的好机会！"

2000多千米的长途跋涉可不容易啊，好在我们现在都能飞行了。我把神农收进乾坤圈里，然后踩着桃木剑，和小猪屏蓬、狐翎一起向南飞行。

毕方鸟飞得很快，一开始还要时不时放慢速度等我和小猪屏蓬；但飞行了500多千米以后，我和小猪屏蓬的飞行技术提高了，速度越来越快，最后完全不需要毕方鸟停下来等我们了，小猪屏蓬还经常冲到最前面去。

我们大老远就看到了海南岛，小猪屏蓬兴奋地叫道："海南岛的形状好像一个梨啊。这个岛可真不小，它是中国最大的岛吗？"

狐翎马上回答："当然不是。中国最大的岛屿是台湾岛，海南岛是第二大岛。"

我们直奔三亚，降落在一个叫作"不二法门"的大门附近。这座大门是进入南山文化旅游区之门，是进入景区的必经之处。我们在僻静的地方降落，悄悄地进了吉祥清净的南山佛教圣地。

小猪屏蓬忽然叫道："前面的仙灵之气好浓郁。远处正对着咱们的那座白色塑像，就是108米高的海上观音像吧？"

狐翎说："对，那就是观音像。不过咱们不能去那边，我已经发现瘟兽的妖气了！"

狐翎说着，从一个岔路口向西拐，直奔慈航普度园。按照导游图的介绍，这个方向会有金玉观音阁、承露亭、甘露净瓶、紫竹林和放生池等几个景点。

小猪屏蓬两个脑袋东张西望："这里景点太多了，瘟兽到底去哪里搞破坏了？"

狐翎边跑边说："我感觉瘟兽去了放生池，那里的仙灵之气最足；而且放生池边有个宝贝，就是观音菩萨的甘露净瓶，里面有根杨树枝，是观音菩萨用来治病救人的。"

小猪屏蓬一拍脑袋叫了起来："我知道了，孙悟空砸坏人参果树之后，人参果就是被观音菩萨用玉净瓶里的甘露救活的……太棒了，今天让猪战神遇到了甘露，我一定要喝个痛快！"

小猪屏蓬的话让我们都对他提高了警惕。我毫不怀疑，这家伙真的有可能把玉净瓶的水一饮而尽，他这方面的破坏力肯定比瘟兽还要大，我必须看住这个猪队友。

忽然，我们听到金玉观音阁附近传出了一阵打斗声。我赶紧把神农从乾坤圈里放了出来，神农二话不说就冲进了观音阁的院子里，然后喊道："这里有植物精灵！"

观音阁的院子里，一个高大的树人正在拼命战斗，树人的树冠里开满了一朵朵艳丽的大红花。

四只瘟兽现在已经合体变成了独眼牛头巨人，正想靠近观音阁里的八臂金玉观音像。这座雕像金碧辉煌，是用玉石和黄金打造的，据说是世界首尊、也是世界最大的金玉观音像，是海南的镇岛之宝。2001年，在金玉观音像洒净仪式上，人们发现观音像体内有108枚金刚舍利。瘟兽一定是被这些舍利吸引来的。

树人的树冠里有一个漂亮的植物精灵，她只有一根白萝卜那么高，头上盛开着一朵朵红色的**木棉**花。

神农大吼一声："木棉花精灵，神农来助战啦！"

木棉花精灵喜出望外，她大声喊着："瘟兽要抢金玉观音像，不能让他们靠近！"

说话间，瘟兽合体的巨人一头撞向树人，把20多米高的树人撞得后退了好几步，然后就朝着八臂金玉观音像冲去。神农抢起药鼎，砰的一声把合体的瘟

兽砸倒在地。合体的瘟兽正好摔倒在我的身边，我毫不犹豫地拿起了桃木剑，只听咔嚓一声响，瘟兽合体的一只大爪子被我砍了下来。这桃木剑的威力把我自己都吓了一跳。

瘟兽合体的巨人怪叫一声，紧接着，不可思议的事情发生了——他的伤口上又长出来一只新爪子！

植物知识卡：木棉

木棉是一种落叶大乔木，高可达 25 米。木棉花入药有清热除湿等功效；树皮是滋补药，也可治痢（lì）疾；果实里的纤维可作枕、褥、救生圈等的填充材料；种子油可用作润滑油、制肥皂；木材轻软，可用来做蒸笼、造纸等。

狐翎惊叫："瘟兽把剑门关梁山寺里的乌龙腿给吃了，现在他们也获得了蝾螈的再生能力！"

巨人的嘴里传出来猴的声音："不错！我现在已经有不死之身，连合体的时候都能使用这个技能，我们四大瘟神会越来越强大！"

我们一愣神的工夫，独眼牛头巨人变成了一团妖气，从观音阁院子里消失了。

第二回

四瘟兽藏身长寿谷
龙血树现身救人质

小猪屏蓬着急地喊道："咱们快去喝玉净瓶里的不死药水，去晚了就被瘟兽喝光了！"

木棉花精灵摇摇头说："不用担心，玉净瓶不在金玉观音像手里的时候，里面的水就不是真正的甘露。瘟兽就是知道这个秘密，才来抢夺金玉观音像的，他们想把观音像和玉净瓶都缩小，变成自己的不死药，所以我才要拼命保护金玉观音像。"

神农点点头："你做得很棒，你愿意跟我们一起去抓瘟兽吗？"

木棉花精灵开心地点头答应，神农赶紧把她收进了《神农本草经》里，随我们继续追踪瘟兽。没有喝到玉净瓶里的甘露，小猪屏蓬很失望。

我们发现瘟兽的妖气在充满佛光的南山文化旅游区里，特别容易找到，现在他们跑到了**长寿谷**。

　　长寿谷的入口处有一块高大的牌匾，上面写着"鳌（áo）山寿谷"四个大字，左右的柱子上分别写着"福如东海长流水，寿比南山不老松"两行大字。入口的通道处有三只石头乌龟叠罗汉，越往上乌龟的个头越小，下面还有一只石头小乌龟想往上面爬。这座雕像的寓意是健康长寿。

景点知识卡：长寿谷

　　长寿谷，也叫鳌山寿谷，位于南山东麓（lù），谷线全长 2300 米。鳌在古代指的是海里的大龟或大鳖（biē）。据说观音的坐骑巨鳌到南海之滨时，发现这里是个洞天福地，人们都长命百岁。于是巨鳌就在南海之滨畅饮，又伏卧在福地之上，形成了今天的南山，所以南山也叫鳌山。从半空俯瞰（kàn）南山，可以看到南山是鳌的形状。

　　长寿谷的游客大多是上了年纪的老爷爷和老奶奶。一进入长寿谷，我们就发现周围很多石头上都刻着大大小小的"寿"字。途中我们还看到了两尊铜佛，一尊叫无量寿佛，

另一尊叫流水尊者。

狐翎突然警觉地说："晓东叔叔，要是瘟兽对这些老年人下手，可就更危险了！老年人的抵抗力弱，更容易被病气感染。"

我和神农都紧张起来，小猪屏蓬愤怒地说道："已经晚啦，你们看，那边已经有很多老爷爷、老奶奶晕倒了！"

我们抬头一看，四只瘟兽正在一片树林里释放毒气，旁边横躺竖卧着好几个老年人。神农大吼一声："瘟兽，不许伤人！"

跋踵得意扬扬地喊道："不伤人可以，这些老头和老太太对我们也没什么用，不过也不能白白给你们。这样吧，你们的猪有两个脑袋，砍一个猪头送给我们，我们就把人质都放了。"

小猪屏蓬两个猪脑袋一起摇："不换！没门儿！"

神农憨憨地说道："早知道这样，当时就应该让小猪屏蓬把剑门关的那只蝾螈吃了，砍了脑袋肯定还能长出来……"

小猪屏蓬继续摇脑袋："那也不行，砍脑袋，想想都疼啊。"

我们正着急时，听见瘟兽背后传来一声打雷似的吼叫："要砍也得砍你们的脑袋！"

瘟兽背后的林子里冲出来一个高大的树人战士，他的身高足有 10 米，树冠像个巨型蘑菇，里面还开着白绿色的花，结着橙色浆果。

神农一眼就认了出来："**龙血树！**"

植物知识卡：龙血树

　　龙血树是一种乔木，树干短粗，叶片细长，花小，颜色为白绿色。龙血树受到损伤时，会流出深红色的像血浆一样的黏液，龙血树因此得名。这种像血浆的黏液是一种名叫血竭的名贵中药材，有活血祛（qū）瘀（yū）、消肿止痛的效果。

　　龙血树树人一脚把蜚给踢飞了，然后挥动着树枝手臂，把跂踵和絜钩抽打得羽毛乱飞，连声惨叫。

　　狐翎惊讶地说："聪明毛告诉我，这棵龙血树已经有5000多岁了！虽然在海南，龙血树也叫南山不老松，但5000岁的龙血树也是非常罕见的。"

　　说话间，三只瘟兽已经跑了。剩下的猴准备临走前朝那些晕倒的老爷爷、老奶奶放毒刺，但他刚一乍（zhà）毛就被龙血树树人的大脚丫给踩成了一个肉饼。猴马上变成了一摊浑水，流进泥土里逃跑了。

　　传说，海南的龙血树是远古巨龙在搏斗的时候流下的血滴在地上长出来的神树。龙血树树人看到地上那些中了瘟兽毒气晕倒在地的老人，马上折断自己的树枝，从折伤处滴出一滴滴红色的汁液。这些汁液流进了病人的嘴里，不一会儿他们就清醒过来了。

为了不引起恐慌，我们全都飞快地藏进了树林里。神农找到了藏在树冠里的龙血树精灵，两个人聊得热火朝天。

小猪屏蓬挤过去问道："龙血树精灵，你真的有5000多岁吗？怎么看起来那么年轻啊？"

龙血树精灵说："我们龙血树可以活8000~10000年，我现在才5000多岁，当然很年轻了。"

神农满脸期待地说："龙血树精灵，你愿不愿意加入我的植物精灵军团啊？"

没想到龙血树精灵摇摇头说："我在这里住了几千年，不想离开家乡。不过，我们这里有好多龙血树，我可以给你们推荐一个更年轻的龙血树战士，他只有1000多岁！他也是神农的粉丝，特别愿意跟你们去冒险！"

说完，树林里走出来一个更加年轻的龙血树树人，一个看起来好像小娃娃的龙血树精灵从树冠里向我们打招呼。

神农把龙血树精灵收进了《神农本草经》，这下大家都开心了。我们向"南山不老松"道别，然后继续追赶瘟兽。

第三回

梵钟苑瘟兽敲佛钟
屏蓬猪祈愿露兜树

我们继续循着四只瘟兽的妖气，向南到了**梵钟苑**。一进院子我们就惊呆了，因为这里有大大小小几十口钟。

景点知识卡：梵钟苑

梵钟苑是中外古钟史上少有的古钟汇集地，这里一共陈列了 42 口大钟。42 口大钟里有 39 口是明清时期的古钟，有 3 口是仿唐朝样式的铜钟，这 3 口钟分别叫"祈愿""报恩""和平"。到梵钟苑撞钟，可祈盼阖（hé）家幸福、心想事成、国泰民安、世界和平。

我警惕地看着周围说："大家小心，这里的妖气越来越浓郁，肯定是瘟兽搞的鬼。如果我没有猜错，他们一定会将这些古钟当作妖气扩散器，让他们的妖术作用扩大许多倍。"

小猪屏蓬指着附近一口大钟喊道："没错，这口大钟里里外外都被妖气包裹了，如果现在敲钟，妖气一定会扩散的。"

小猪屏蓬话音刚落，我们就听见咚的一声，那口祈愿钟被敲响了。好像山谷里发生了爆炸一样，钟声在梵钟苑里不停回荡，震得我们的脑袋嗡嗡直响，一阵头晕恶心。它的威力比我们想象的还要可怕，我们都飞快地堵住了自己的耳朵。

蜚得意地从祈愿钟后面跳了出来："哈哈，想不到吧？本瘟神敲钟的手法这么好，你们的仙灵之气全都被压制了。这个梵钟苑现在是我们瘟神的大本营，兄弟们，赶紧把钟敲起来！"

周围响起了此起彼伏的钟声，可是这钟声一点儿也不像我们之前听过的那样悦耳动听。一波波看不见的妖气好像巨浪一样冲击着我的脑袋和心脏，我感觉都快吐血了。我们想和瘟兽拼命，可是手一旦从耳朵上放下来，脑袋就像要裂开一样，别说战斗了，就连站都站不稳。

神农捂着耳朵大声念起了咒语："*北斗七元，神气统天，天罡（gāng）大圣，威光万千。精灵现身！*"

所有的植物精灵都从《神农本草经》里冲了出来，可即便是身材高大的树人，也被这 40 多口大钟的钟声震得东倒西歪。虽然珙（gǒng）桐（tóng）树和樱花树几个树人战士拼命占领了几口大钟，可还是不能扭转战局。

忽然，从旁边的时来运转园飞奔过来一个 5 米多高的树人战士，他身上的叶片呈螺旋形朝上生长，树冠里还有几颗既像菠萝又像榴莲的大果子。狐翎高兴地喊道："这是**扇叶露兜树**，是时来运转园里的祈愿树。希望他能帮咱们扭转战局！"

植物知识卡：扇叶露兜树

扇叶露兜树又叫红刺露兜，是一种常绿灌木或小乔木，树高 2.5~5 米。叶片细长，呈螺旋状。结出的果子像菠萝，入药有清暑排毒的攻效。在海南南山文化旅游区的时来运转园里有很多扇叶露兜树，当地人把这种植物叫作"时来运转树""步步高升树"。

扇叶露兜树树人好像并不怕这些散播妖气的钟声，他从树冠里摘下一个带刺的果实，当作手榴弹扔向了蜚。蜚正扬扬得意地敲祈愿钟，嘴里还大声喊着："我的愿望是马上变成瘟神……"

　　砰的一声巨响，蜚的独眼向上一翻就晕倒在地上了。扇叶露兜树精灵没好气地说："什么狗屁瘟神，我先封你当个晕神吧！梵钟苑的钟也是你们这些瘟兽能敲的吗？"

　　祈愿钟的钟声停了，树人们恢复了行动能力。小猪屏蓬飞快地冲向和平钟，用自己的小钉耙用力敲打铜钟。小猪屏蓬的九齿钉耙是神器，和平钟被它敲响以后，随着声音向四周传播的是仙灵之气。梵钟苑里的妖气一下就被仙灵之气冲淡了。

神农开始念咒语："*天之光，地之光，日月星之光，神光照十方！*" 天空中无数金光好像利箭一样射向了梵钟苑，那些瘟兽散播的妖气全都消失了。

没有了妖气的压制，树人们开始在院子里神勇地追杀瘟兽，三只瘟兽被打得毫无还手之力，只得带着晕倒的蜚惨叫着逃出了梵钟苑。

狐翎开心地说："扇叶露兜树不愧是时来运转树，一现身就扭转了战局！"

扇叶露兜树精灵谦虚地说："我来晚了，你们不熟悉环境，所以才让瘟兽抢占了先机。后面的战斗，我跟你们一起行动，争取在海南岛上抓住这些瘟兽！"

南山寺瘟兽控树人
菩提树精灵是和尚

我们跟着瘟兽的妖气冲进了**南山寺**。

南山寺里香烟缭绕，诵经的声音在寺院上空回荡，我们的心情平静了很多。

景点知识卡：南山寺

南山寺建成于 1998 年，整个寺庙采用唐代的建筑风格，看起来古色古香，清静优雅。南山寺现有仁王殿、钟鼓楼、转轮藏、东西配殿、观音院等建筑群。南山寺整体建筑气势恢宏，是中国近五十年来新建的最大佛教道场，也是中国南方最大的寺院。

小猪屏蓬两个脑袋东张西望地问："这里面有没有佛舍利

之类的宝贝？如果有，可不能让瘟兽抢走了。"

狐翎飞快地回答："南山寺建成的时间比较短，还没有佛舍利这种宝贝。南山寺里供奉着观音像、弥勒佛、十八罗汉和四大天王，瘟兽应该掀不起多大风浪来。"

话音刚落，南山寺里突然出现了好几个陌生的树人战士，他们身材矮的也有 10 多米高，最高的足足有 25 米。这些树人的树干都超级粗壮，树冠也特别茂盛。神农一眼就认出了他们："这是**菩提树**，长得好健壮啊！"

植物知识卡：菩提树

菩提树是一种高大乔木，高达 15~25 米。菩提树是治疗哮喘、糖尿病、腹泻、癫痫、胃部疾病等的传统中药材，在对抗癌症、心血管疾病、神经精神疾病、寄生虫感染等方面也有显著效果。传说在 2000 多年前，佛祖释迦牟尼就是在菩提树下修成正果的。

可是，我们马上觉得不对劲，因为这些菩提树树人的动作都很僵硬，浑身上下都萦绕着黑色的妖气，而且我们在所有树人的身上都找不到植物精灵。巨大的菩提树树人朝我们一步步逼近，包围圈越来越小，我们几个背对背，已经无路可退了。

树冠里忽然传来了跂踵阴阳怪气的声音："嘿，神农，我是菩提树，我们都是你的粉丝！我们来要你的命啦！哈哈哈……"

神农气得七窍生烟。我们三个也大吃一惊：瘟兽竟然可以控制树人了吗？

絜钩从另一棵菩提树的树冠里探出头来喊道："没想到吧？我们也能控制树人！控制这些傻木头其实并没有什么难度，你们的植物精灵军团，早晚也是我们四大瘟神的傀（kuǐ）儡（lěi）兵！"

我听了这话，好像被浇了一头冷水，从头顶凉到了脚后跟。自从开始追捕瘟兽后，神农的植物精灵军团一直是我们最强大的后盾，现在瘟兽们竟然也会控制树人了，这是我们无论如何都没有想到过的。

神农气得大喊："我不信！菩提树是不会听从你们这些瘟兽的指令的！菩提树树人，快点清醒过来！"

突然，一阵歌声般好听的声音从大殿顶上传了过来："神农说的不错，菩提树是不会听从瘟兽的指令的。菩提本无树，明镜亦非台。本来无一物，何处惹尘埃？"

一瞬间，所有的菩提树树人身上都爆发出一片金光，藏在树冠里的四只瘟兽同时发出了惨叫。他们手忙脚乱地从树冠里跳出来，然后四散奔逃，我们则赶紧举起各自的兵器穷追猛打。

瘟兽们的逃跑绝技无与伦比，转眼之间就消失得无影无踪了。

我们回到院子里，那个在房顶说话的小家伙已经跳到了最高的菩提树树人身上，在一个粗壮的枝杈上盘腿打坐。他长得很像一个人类小孩，光溜溜的脑袋上还点着九个圆点。狐翎惊奇地说："哇！菩提树精灵竟然是个小和尚。"

菩提树精灵微笑着点点头："自从这里建了南山寺，我就开始修行啦！刚才我打坐入定，被瘟兽们钻了空子。他们把我的树人都偷走了，简直胆大包天。不过，就算我不在，这里还有好多罗汉和天王，瘟兽们别想兴风作浪。"

小猪屏蓬赌气道："南山寺有那么多菩萨和罗汉，怎么也不见他们出手捉瘟兽啊，他们是不是都太懒了？"

狐翎赶紧说道："你不要胡说八道，当心菩萨把你当妖怪镇压了。四只瘟兽不知道天高地厚，菩萨和罗汉都不屑出手揍他们。"

菩提树精灵连连点头："小狐狸说得对！我就是菩萨派来帮忙的。神农，我已经在南山寺出家了，就不跟你们去捉拿瘟兽了。送你一棵菩提树，让它加入你的植物精灵军团吧！"

菩提树精灵说完，一个十几米高的菩提树树人就走到了神农的面前，神农眉开眼笑地把他收进了自己的《神农本草经》。

告别了菩提树精灵，我们继续追踪四只可恶的瘟兽。

第五回

四瘟兽挟持酸豆树
观音像神威击杀猴

我看着瘟兽逃窜的方向，忍不住笑出了声。小猪屏蓬担心地说："坏了，晓东叔叔中毒了吗，怎么突然开始傻笑了?!"

狐翎说："晓东叔叔身上没有妖气，他肯定是想到什么坏主意了……不对不对，是想到什么好主意了。"

我点头说："我发现瘟兽朝着海上观音像逃跑了，他们这不是自寻死路吗？我觉得，说不定不用咱们动手，观音菩萨就能收了他们。"

我们一边聊着天，一边全力追赶，很快就跑到了**南山海上观音像**那里。这座 108 米的观音像，远看就很震撼，等到了跟前，更是惊得我们目瞪口呆。

小猪屏蓬仰着两个小猪头说："这座观音像也太大啦！站

在大海里好威风啊……可是咱们怎么过去呢？"

景点知识卡：南山海上观音像

　　南山海上观音像，被人称为南海观世音，圣像巍峨壮观、庄严慈悲，高达108米，是世界上最高的观音像。观音像足下的莲花宝座高10米，共4层，每层有27瓣形状相同的莲花。整尊观音像三面三头三肩，一面手持莲花，另一面手持经书，还有一面手持佛珠，为正观音的一体化三尊造型。

　　狐翎说："观音像在金刚洲岛上，通过那座普济桥，我们就可以到达海上观音像的莲花宝座下了。"

　　说话间，我们已经冲上了普济桥。观音菩萨脚踏莲花宝座，莲花宝座下是金刚台，金刚台里是面积达15000平方米的圆通宝殿。这里所有的建筑都那么高大雄伟，仰头看海上观音像的时候，我们感觉自己都变成了小蚂蚁。忽然，小猪屏蓬指着前面喊了起来："快看，瘟兽又抓了一个人质！我看着怎么好像是个植物精灵啊！"

　　我们很快就跑到了海上观音像脚下的莲花宝座前，只见四只瘟兽又合体了。合体的瘟兽大爪子抓着一个昏睡的小精灵，小精灵浑身的皮肤都是暗灰色的，头上长着一些棕褐色的圆柱形果荚。

神农咬牙切齿地说："你们这些可恶的瘟兽，赶紧放下小精灵！"

合体的瘟兽嘴里发出了絮钩的声音："我们控制树人不太成功，总结经验以后，我们觉得还是应该先控制植物精灵！你放心，我们是不会把第一个试验品给弄死的。现在，先让我们的妖气进入他的身体，把他变成一个听话的小妖怪；然后，就可以好好看看这个**酸豆树**精灵可以给我们召唤多少树人战士了，哈哈哈哈……"

植物知识卡：酸豆树

　　酸豆树是一种常绿乔木，最高能长到 25 米，是三亚市的市树。其树皮呈暗灰色；荚果呈棕褐色；种仁可以用来榨取食用油；果实入药，有清热解暑和消食化积的功效；叶、花、果实均含有一种酸性物质，和其他含有染料的花混合，可作染料。南山文化旅游区著名的生态树屋就坐落在一片原生态酸豆树林里。

神农气得牙都快咬碎了，但是又不知道怎么办才好。他可不敢硬抢，因为瘟兽合体变成的巨人只要轻轻一攥，那个小精灵就得变成一团泥。

小猪屏蓬忽然上前几步说道："瘟兽，我看你的翅膀不错，能不能飞啊？"

瘟兽合体巨人赶紧点头："不能飞能叫翅膀吗？我们是瘟神，当然能飞！"

小猪屏蓬继续说："那咱们来一场飞行比赛怎么样？胜利者可以得到你手里的小精灵！"

合体的瘟兽一只独眼转了几下说道："飞行比赛？我们有兴趣！不过这小精灵本来就是我们的，凭什么当奖品？如果我们赢了，你必须交出一个猪脑袋！"

小猪屏蓬点点头："成交！"

瘟兽合体巨人咧开大嘴笑了，他回头指着身后的海上观音像说："咱们就绕着这个大石头人飞，谁先转三圈就算谁赢！"

我们几个都差点笑出声来，瘟兽们果然不认识观音菩萨，他们竟然把观音像当作石头人！神农说道："好，我当裁判！预备，起飞！"

小猪屏蓬嗖的一声踩着小祥云就抢先起飞了，瘟兽合体巨人气得大叫："你们耍赖，我还没准备好呢！"

不过，小猪屏蓬飞得并不快，而且还摇摇晃晃的，好像马上就能被抓住。瘟兽合体巨人气急败坏地追上去，很快就超过了小猪屏蓬。我们听到瘟兽合体巨人的嘴里嘟囔着："这个石头人好奇怪，竟然三面都有脸，从哪边看都是一个完整的石头人！"

瘟兽们不知道，这座海上观音像本来就是一体化的三尊造型，正面的观音手持经书，右边的观音手持佛珠，左边的观音手持莲花，只有环绕一周才能看出来。

等他转到观音像拿着经书的那一面的时候，观音手里的经书突然爆发出一片金光，瘟兽合体巨人一声惨叫，瞬间就解体了。小猪屏蓬赶紧加速，一把从半空中接住了那个酸豆树精灵。小猪屏蓬开心地在空中大叫："猪战神赢了！奖品是我的了，快点抓瘟兽啊！"

佛光照耀下的四只瘟兽毫无还手之力，被小猪屏蓬在半空中打得嗷嗷怪叫。看到我和狐翎也朝他们冲过去，四只瘟兽逃走了。

我们落地的时候，酸豆树精灵已经醒过来了。他看见神农，高兴地说："神农，谢谢你救了我！我不小心被瘟兽抓住了，多亏你来得及时。"

　　小猪屏蓬大声喊道："搞错了，是猪战神用一个猪头当赌注把你救回来的！"

　　酸豆树精灵已经被神农吸引了全部注意力，丝毫没注意小猪屏蓬说了什么。他跳到神农的身上使劲亲了几下说："那边有一片酸豆树保护林，在那里我有好多树人战士，神农快跟我去召唤树人，我要跟你一起去大冒险！"

　　小猪屏蓬气得一屁股坐在地上。我安慰他说："做好事不留名才是神仙的风格。你的功劳我们都看见了，你也很了不起！"

　　小猪屏蓬听了马上又开心了，从地上跳起来说："我是百折不挠的猪战神，我也要组建一支属于自己的魔法植物精灵军团。冲啊！"

第六回

九龟阵群龟困瘟兽
龙王院龙王破合体

小猪屏蓬一边继续追赶瘟兽，一边嘴里不停地唠叨着："狐翎，快告诉我后面的景点里有什么菩萨。海南岛神仙这么多，咱们得想办法借力啊！"

狐翎坐在毕方鸟背上飞快地翻看导游手册，她大声回答："瘟兽目前还在三亚市，他们逃到南山**大小洞天景区**了。大小洞天其实只有小洞天，大洞天只在传说里有，据说是神仙住的地方……"

小猪屏蓬着急地说："大洞天都不知道在哪儿，咱们怎么找人帮忙？"

大小洞天景区离南山文化旅游区只有 12 千米，两个景区都扎堆坐落在南山。说话间我们已经飞到了大小洞天景区的上空。狐翎忽然指着下面喊道："快看，下面妖气和仙气纠缠，好像已经有人把瘟兽包围了！"

景区知识卡：大小洞天景区

　　大小洞天景区，原名海山奇观风景区，古称鳌山大小洞天，位于海南省三亚市。该景区已有 800 多年的历史，是著名的道家文化旅游胜地。大小洞天风景区因为秀丽的海景、山景、石景和洞景而出名，一眼望去海上碧波荡漾，山林里植物生机盎然，奇石和洞穴神秘莫测，被誉为琼崖第一山水名胜。

　　我们赶紧向下俯冲降落，看到一片花砖地上，九只大乌龟正围困着瘟兽。四大瘟兽现在合体成了一个独眼巨人，后背上还有两只絜钩的鸭子翅膀。让我们意想不到的是，指挥这些石头乌龟包围瘟兽的，是一只骑在大乌龟背上的小乌龟，他用尖细的小嗓音喊道："把这个浑身冒妖气的家伙围住，别让他跑了！敢来大小洞天闹事，不知道九九归一大阵的厉害吗？"

　　神农从乾坤圈里跳了出来，手里拎着青铜药鼎，瞪着两只圆圆的牛眼睛赞叹："好厉害的阵法，瘟兽合体巨人被困住了！"

石头乌龟的阵法周围，有一堵看不见的墙，瘟兽合体巨人扇着翅膀奋力撞了好几回，都没办法冲出去。而神农想冲进大阵里去抓捕瘟兽，也被这堵看不见的墙挡住了。

那只小乌龟得意地说："我们九九归一大阵，用的是鳌山的天地灵气。鳌山的山形就像一只大乌龟，因此大阵的能量用之不尽！"

小猪屏蓬踩着小祥云冲到了半空中，突发奇想："猪战神给你们加点料，赶紧制服这几只瘟兽——猪猪乾坤屁！"

我和狐翎齐声大喊："不要啊！"

小猪屏蓬在半空中放了一个猪猪乾坤屁，乾坤屁的威力瞬间涌进了九九归一大阵。只听砰的一声响，瘟兽合体巨人一翻白眼昏倒在地，可是九九归一大阵的仙灵之气也被冲散了。九只大乌龟和一只小乌龟被小猪屏蓬的乾坤屁熏得直咳嗽。神农屏（bǐng）住呼吸冲过去，可是瘟兽已经解体了，神农只来得及在絜钩化作妖气逃跑之前抓住他的尾巴，其他三只瘟兽还是趁机逃走了。

小乌龟一边咳嗽一边骂："这是哪儿来的小猪妖！一个屁就把我们的大阵给毁了，太可恶了！"

　　小猪屏蓬赶紧道歉："对不起！我不是故意的。你们看，神农趁机抓住了一只瘟兽，猪战神的屁还是立功啦！"

　　狐翎也被熏得一边咳嗽一边说："立什么功！你这个猪队友，总是自我感觉这么好！"

　　神农却眉开眼笑地说："哈哈！今天终于发现了絜钩的一

个弱点，只要抓住他的老鼠尾巴，这家伙就没法变身逃走了！不知道抓住跂踵的猪尾巴是不是也有一样的效果……"

我们赶紧对十只石头龟致歉并表示感谢，然后手忙脚乱地继续去追逃走的三只瘟兽。路上，我们远远望见了老子望海石雕和南极仙翁石像，但正事要紧，美景还是留待以后欣赏吧。

"三只瘟兽怕我们从石像里召唤神仙，所以现在见到神仙的石像都绕着走了。"狐翎说着，像是想起了什么，"不好，南海龙王别院里有座身披金甲、头戴王冠的龙王像，还有龙纹斗篷和镇海宝剑，要是这些宝贝被瘟兽偷走了，可就麻烦了……"

南海龙王别院背靠南山，面朝南海，占据的是一块风水宝地，聚集了天地灵气。院内供奉着南海龙王，他因为护卫国土、调理风雨、安民除害、广利天下而备受当地人和来往游人的尊重。

转眼我们就飞到了南海龙王别院，只见一个怪物从龙王别院里冲了出来，他顶盔掼（guàn）甲，披着斗篷，手里还拿着一把金光闪闪的镇海宝剑。

这个怪物只有一只眼睛，是三个瘟兽的合体！蜚得意地大笑："你们抓住絜钩，我们三个照样能合体！现在我们也有趁手的兵器了，看招！"

合体的瘟兽举起宝剑就朝我们砍了过来，神农抬起药鼎格挡，发出震天动地的一声响。龙王别院里传来一声怒吼："本王的兵器你也敢偷，真是活得不耐烦了。"

金光一闪，合体的瘟兽背后飞出一个龙头巨人，他脚踏两条会飞的大蛇，瞬间就掐住了瘟兽合体的脖子。

狐翎一声欢呼："南海龙王现身了！"

龙王长着红头发，长胡须，老虎鼻子，浓密的眉毛，双眼睿智有神，一对大耳朵垂到了肩上。他一只爪子掐住合体的瘟兽脖子，另一只爪子一把抓住了金色的宝剑，脚下的两条大蛇瞬间就缠住了合体的瘟兽。三只瘟兽毫无反抗之力，各施故技消失了，盔甲、斗篷全都掉了下来。

小猪屏蓬眼疾手快，接住了一个头盔，他厚着脸皮喊道："南海龙王，头盔送给我做纪念吧！"

话音刚落，他手上的头盔就消失了，南海龙王化作一道金光飞回了大殿，雕像复原，好像什么事情都没有发生过一样。

小猪屏蓬失望地说："南海龙王真小气……"

第七回

小洞天召唤厌火妖
龙血树绝非不才树

我们继续追踪瘟兽，远远看到山脚下有一块巨大的岩石，岩石上刻着红色的大字：小洞天。

狐翎说道："小洞天到了。这里的仙灵之气也很浓，是一个适合神仙修炼的地方。"

神农手里一直攥着那只倒霉的絜钩，无论他怎么哀求，神农就是不放手。看来絜钩被抓住尾巴以后，还真是什么都做不了。不过神农也不敢松手，因为担心用别的方法根本困不住絜钩。

小猪屏蓬大声喊道："快看，瘟兽又叫来帮手了，这次是好多小黑人！"

果然，在小洞天巨石下的沙地上，蜚、趹踶和猰这三个妖怪正手舞足蹈地举行着一个奇怪的仪式。他们周围妖气缭绕，旁边是一群黑色的怪人。这些怪人的身体有点像狒狒，脸长得丑陋不堪，全都背对着瘟兽围坐成一圈，闭着眼睛好像在打坐。

小猪屏蓬举着九齿钉耙飞过去喊道："趁他们还没准备好，猪战神先把他们打趴下再说。"

我赶紧喊道："站住，不要过去！那些是厌火国的怪物！"

可小猪屏蓬飞得太快了，转眼就到了怪物的跟前。那些怪物几乎同时睁开了眼睛，他们的眼睛都是火红的，看起来就像一群刚从地狱出来的小鬼。

正对小猪屏蓬的几个家伙深吸一口气，突然就喷出来一条条火蛇，把小猪屏蓬烧成了一个大火球。

小猪屏蓬怪叫着从小祥云上掉落下来，狐翎和毕方鸟赶紧冲过去抢救。狐翎扔出一朵神火红莲，把小猪屏蓬身上的火都吸走了。

跂踵得意地喊道："我的火法术怎么样？上次炼化了犰狳，这次又召唤了厌火国的怪物，我准备修炼成一个火瘟神！"

说完，那些厌火国的怪物突然变阵，一起朝我们猛地吐出了一道火墙。神农冲到前面，青铜药鼎像面巨大的盾牌挡住了妖火，可是他的左手却被反弹的火焰烧伤了。神农下意识地一甩手，把絮钩摔在了地上。絮钩怪叫一声就逃跑了，边跑边用公鸭嗓拼命大喊："跂踵烧得好！这次我欠你一个人情，以后一定偿还！"

我们顾不上去抓絮钩，赶紧后撤。神农大喊："龙血树树人，包围瘟兽！"

我们都以为神农召唤的是刚在长寿谷得到的龙血树树人，没想到从小洞天周围冲出来百十个龙血树树人，一下把瘟兽和厌火国的怪物都包围了。见此情景所有人都惊呆了。

狐翎惊喜地叫道："导游手册上说南山有6万棵龙血树，大小洞天景区里就生长着3万多棵，所以这里有好多龙血树树人！"

小猪屏蓬身上的火已经熄灭了，身上青一块紫一块，他有点担心地说："龙血树树人会不会被烧着啊？"

话音刚落，跂踵就指挥所有的厌火国怪物朝龙血树树人喷火。可是这些龙血树树人迈着大步不断向中间聚拢，根本不怕火焰。火喷到树人的身上，只冒出一股股浓烟。浓烟的威力比火焰还大，火灾的时候，很多人在遇火之前就被浓烟呛死了。这烟全都向着瘟兽们聚集，呛得瘟兽们和厌火国的怪物全都咳嗽起来，眼看就要喘不上气来了。

神农高兴地说："这是龙血树精灵告诉我的秘密，就算把龙血树的枝干当柴火，也只冒烟不起火。有些人嫌弃龙血树，说龙血树材质疏松，树干上都是窟窿，不但当木材不行，就连当柴火也不行，所以叫它们'不才树'。其实，龙血树绝对是宝贝树，浑身上下都是宝！"

瘟兽们已经被浓烟熏得鼻涕眼泪直流，厌火国的怪物也被呛得死去活来。四只瘟兽突然逃走了，只剩下那些厌火国的怪物，最后，这些怪物都被龙血树树人踩成了烂泥。

第八回

尖峰岭缠斗小黎鹜（wù）
神鹿树抢走镇山宝

解决了瘟兽召唤来的厌火国怪物，我用昆仑镜追踪瘟兽，发现他们离开了海南三亚，逃向了位于海南岛西南部的**尖峰岭国家森林公园**。

我们再次出发，狐翎骑在毕方鸟的背上向我和小猪屏蓬介绍尖峰岭的地理环境："尖峰岭是海南第一个国家森林公园，有中国现存面积最大、保存最完好的原始热带雨林，那里既是植物王国又是动物乐园，咱们肯定能找到新的植物精灵。"

突然，小猪屏蓬指着最高的一座山峰说道："猪战神看到妖气了，就在那座山上！"

景区知识卡：尖峰岭国家森林公园

尖峰岭国家森林公园是中国现存面积最大、保存最完好的原始热带雨林。尖峰岭位于海南岛西南部，地跨乐东、东方两县市，距离三亚市 90 千米。尖峰岭有 3000 多种植物、4700 多种动物，有"中国植物王国""动物乐园""蝴蝶的故乡""热带北缘生物物种基因库"等称号。

狐翎说道："那是尖峰岭的主峰小黎驽山，山峰的形状像长矛的尖插在山间，有'南海仙山'的称号，尖峰岭也因此而得名。传说小黎驽山上有个镇山之宝叫'金光长矛'，这件宝贝是山上所有天地灵气凝聚而成的。莫非，瘟兽的目标是偷走金光长矛？"

小猪屏蓬两个脑袋东张西望地说："瘟兽现在一直没有兵器，不能让宝贝落在他们的手里。我看这座小黎驽山，好像有仙灵之气的保护，可是瘟兽的妖气也在附近……"

我们降落在小黎驽山的山腰。神农现身后，直接召唤了刚从南山文化旅游区得到的几个树人战士——木棉树、龙血树、扇叶露兜树、菩提树和酸豆树，五个高大的树人威风凛凛地四处查看。

忽然，龙血树树人伸出长长的手臂往山上一指，我们在他示意的方向看到一只绿色的"鹿"在山上蹦蹦跳跳地奔跑。神农兴奋地叫道："这肯定是一个树人！他长得真像一只大角鹿！"

不错，这棵会奔跑的树确实像一只鹿，四条大长腿健步如飞，头上的树冠像极了巨大的鹿角。我们还是第一次见到长得像大角鹿的树人。

狐翎飞快地说道："这是**尖峰岭鹿树**，传说是天上神鹿的化身，但它其实是一棵高山榕，只不过长得特别像鹿，所以得到了'鹿树'这个名字。大家当心，鹿树树人身上有妖气！"

植物知识卡：尖峰岭鹿树

尖峰岭鹿树，位于尖峰岭南崖旅游区内，距离森林公园大门约 10 千米。鹿树是一种具备雨林绞杀能力的榕树，高 25 米，外形像一只高大的鹿，据说是神鹿的化身。

神农大手一挥："树人战士，赶紧追上鹿树树人，别让瘟兽控制他！"

五个树人迈开大步就冲了上去，我们也纷纷起飞追击。不一会儿，急性子的龙血树树人就抢先追上了鹿树树人，伸出大手刚要抓住鹿树树人的"犄角"，没想到鹿树树人一闪身，灵活地跑到了龙血树树人的侧面，身体里忽然伸出无数条蟒蛇一样的树根，瞬间就把龙血树树人捆了起来。

鹿树树人的树冠里跳出一个植物精灵，他的胳膊和腿是细长的，头上还长着鹿角形状的树枝。不过，这个植物小精灵两眼通红，目光呆滞，浑身还散发着妖气。

狐翎大声喊道："不好！这个小精灵已经被妖气控制了！"

鹿树精灵一声尖叫："都不许过来！你们要是再敢靠近，我就勒（lēi）死龙血树树人！"

龙血树树人被鹿树树人勒得眼睛都鼓出来了，两只大手拼命地拉扯身上的鹿树树根，却根本无法挣脱。见此情景，另外几个树人停住了脚步，生怕鹿树树人真的痛下杀手。

神农担心龙血树树人，赶紧喊道："我们不靠近，你不要伤害龙血树树人！"

一个丑陋的独眼巨人怪笑着从一块巨大的岩石后面走了出来，正是四大瘟兽合体的怪物！他说道："我们运气不错，刚到小黎弩山就找到了一个植物克星。这个鹿树树人简直太有用了，随随便便就能勒死一个树人。鹿树树人，快点把金光长矛给我拿出来！"

鹿树精灵木呆呆地回答："好的，主人！"

鹿树树人的身上又伸出几条树根，深深地扎进了小黎骛山的山体里，不一会儿，他就从岩石的缝隙里拿出了一支金光闪闪的长矛。鹿树精灵用树根卷着长矛递给独眼巨人，那家伙兴奋地伸手去接。神农着急地举起药鼎就要冲上去抢金光长矛，却被狐翎拦住了："神农别过去！"

话音刚落，意想不到的一幕发生了，金光长矛猛然爆发出一股仙灵之气，瞬间冲散了鹿树精灵身上的妖气，鹿树精灵眼睛里的红光消失了。鹿树树根卷住的长矛，嗖的一声掉转了矛尖，鹿树树人顺势一送，只听噗嗤一声响，长矛刺穿了独眼巨人的身体！

"啊——"独眼巨人一声惨叫，解体崩溃，化作了四只瘟兽。倒霉的蜚受伤最重，胸口被刺了个大窟窿，黑血汨（gǔ）汨地往外流。

小猪屏蓬大喊一声："冲啊，消灭瘟兽！"

神农与树人战士跟着小猪屏蓬冲了上去，四只瘟兽上蹿下跳地躲闪。神农想去抓絮钩和跋踵的尾巴，但他们这次都把尾巴藏得严严实实，神农什么也没抓到。转眼间四只瘟兽就化作牛虻和黑雾逃走了。

　　恢复清醒的鹿树树人松开了被他缠住的龙血树树人，接着又把金光长矛送回山体里。龙血树精灵从树冠里跳出来大喊："好你个鹿树树人，差点把我勒死了！"

　　小猪屏蓬用耙子指着鹿树树人说道："你加入神农的植物精灵军团，我们就原谅你。"

　　鹿树精灵不好意思地说："我也想跟你们去大冒险，可是我现在已经是小黎骜山的一个重要景观，还有保护金光长矛的责任在身，所以不能跟你们走，实在太遗憾了……"

蜜蜂兰围困将军岩
木吒神击退四瘟兽

鹿树树人不能加入植物精灵军团，我们都感到很遗憾。不过，想想也是，鹿树毕竟只有一棵。告别了鹿树树人和鹿树精灵，我们赶紧朝着天池方向继续追击瘟兽。快到**将军岩**的时候，小猪屏蓬最先发现了瘟兽的踪迹："快看，前面打起来了，一群蜜蜂把瘟兽包围了，咱们快去帮忙！"

我们追到将军岩下面，发现四只瘟兽正被漫天飞舞的红色蜜蜂围攻。每只红色蜜蜂的身体都在不断地释放着白光，这种白光竟然能驱散瘟兽的毒气。

神农叫道："这不是蜜蜂，是花朵。它叫蜜蜂兰，也叫**多花兰**，因为一株植株上可以开出很多朵花。多花兰精灵就藏在旁边的树冠里！"

景点知识卡：将军岩

　　将军岩是一块风化的岩石，位于南海之滨的尖峰岭。它的外形像一个头戴头盔、身披战袍、手持盾牌的将军。相传，将军岩是观音菩萨的护法弟子，也就是哪吒三太子的哥哥惠岸行者木吒的化身。观音菩萨常常到天池沐浴净身，木吒就在观音菩萨身边护航。

植物知识卡：多花兰

　　多花兰又叫蜜蜂兰，高 16~35 厘米，因为花朵的形状像一只雌性蜜蜂而得名。多花兰开红褐色的花朵，花色艳丽，观赏价值很高。多花兰的根入药，可用于百日咳、肺结核、头晕腰痛、风湿痹痛等病症；多兰花的茎入药，有清热解毒和补肾健脑的功效。

　　我们顺着神农手指的方向看去，果然看到一个巴掌大的植物小精灵在树冠里跳来跳去，正施展法术控制那些蜜蜂一样的花朵围攻四只瘟兽。小精灵头上开满了小花，和天空中的小

"蜜蜂"一模一样。

神农挥舞着赭鞭，小猪屏蓬举着小钉耙，但都没法进攻，因为战斗双方正纠缠在一起，现在加入的话很容易被误伤。

忽然，跂踵的猪尾巴一甩，放出一股黑色的火焰，轰的一声把漫天的蜜蜂兰点燃了，多花兰精灵一声惊叫，从树冠里掉了下来。神农甩出赭鞭，轻轻地卷住了多花兰精灵，把她拉到了身边。狐翎和毕方鸟展开了火焰攻势："盘古开天辟地，女娲炼石补天！五行相生相克，神火不死红莲！"

漫天的小花化作神火，连跂踵的猪尾巴都点着了。跂踵为了熄灭火焰，赶紧怪叫一声："瘟兽合体！"

四只瘟兽聚在一起，变成了一个独眼巨人，这个独眼巨人胸口上的大洞还没愈合。蜚狂怒地喊道："为什么倒霉的总是我？刚才挨了一枪还没好，你们现在又合体，痛苦都让我一个人承受啊！"

跂踵尾巴上的火转移到了蜚的尾巴上，现在絜钩只是独眼巨人背上的一双翅膀。跂踵得意地说："咱们的战斗组合里，你就是最扛揍的肉盾，瘟神合体你最多受点轻伤，可要是再耽误一会儿，我就被神火烧死了！"

独眼巨人自己跟自己吵架，这可真是稀奇，可是我们不能就站着看热闹。狐翎继续火焰攻击，我和神农、小猪屏蓬都举着自己的兵器朝独眼巨人猛攻了过去。

独眼巨人身上有伤，不敢恋战，转身就跑。万万没想到，他身后的将军岩突然爆发出一片金光，吓得独眼巨人一声大叫捂住了自己的眼睛。

金光里冲出来一个少年，脚踏祥云，手握吴钩双剑，唰唰两剑劈向独眼巨人。我们都没看清楚，独眼巨人就被劈成了好几块！这些碎块掉在地上，瞬间就变成了石头。

我们都来了个急刹车。小猪屏蓬大惊失色："好快的剑啊！"

少年收起双剑，双手合十对我们说道："我是观音菩萨座下的护法弟子惠岸行者，看到你们捉拿瘟兽，忍不住出手相助。"

小猪屏蓬飞过去抢起钉耙就砸地上的石块，可是石块被打碎了也没有看到瘟兽的踪迹。我对小猪屏蓬说："别白费力气了，瘟兽逃跑又有新招了。这次他们在千钧一发之时用了类似移形换位的法术，让大石头替他们挨了几刀。"

木吒笑道："这些瘟兽不简单，可惜我没能帮你们捉住他们。不过我相信你们早晚能成功。"

木吒说完，又化为一道金光，飞回了将军岩。

第十回

通天树炮轰鸣凤谷
桃金娘果实做霰（xiàn）弹

我们一起循着瘟兽的妖气追到了**鸣凤谷**，山谷丛林里不时传来一阵阵好听的鸟叫声。小猪屏蓬好奇地问："鸣凤谷真的有凤凰吗？他们和西王母花园里那些凤凰武士长得一样吗？"

景点知识卡：鸣凤谷

鸣凤谷位于尖峰岭天池的西侧，是尖峰岭较有代表性、较原始的热带雨林沟谷，汇聚了各种热带雨林的特有景观。据说，鸣凤谷得名是因为谷中时常能听到孔雀雉（zhì）、凤头鹰、黄嘴白鹭等众多鸟类的叫声。

狐翎回答他："这里没有凤凰，但是确实有很多鸟，因为经常传来各种鸟儿的鸣叫声，好像百鸟朝凤，所以才有了'鸣凤谷'这个名字。"

鸣凤谷差不多有2000米长，这里到处湿漉漉的，空气中弥漫着落叶腐烂的气味。参天大树的根比人的腰还要粗壮。粗壮的藤蔓植物像大蟒蛇一样盘挂在树身上，形成了一个个大秋千。

鸣凤谷的绞杀现象是原始森林里的奇特景观。绞杀植物的种子在被绞杀植物的树干上生根发芽，和被绞杀植物争夺营养和水分，绞杀植物逐渐长大，被绞杀植物就会因为营养和水分不足而逐渐死去。

透过茂盛树冠的缝隙，我们可以看到山谷上方的晴天。可是忽然下起的一阵大雨，把我们都淋成了落汤鸡。

小猪屏蓬一惊一乍地喊道："是什么妖怪在暗算猪战神？赶紧出来，我保证不打死你！"

我告诉小猪屏蓬："屏蓬，这不是妖怪弄出来的雨水。尖峰岭的植被是热带雨林，晴天也会有凝结在树叶上的水滴落下来，像下雨一样。"

可是神农却吸吸鼻子说道："不对，我觉得刚才这阵雨不是正常雨林的雨，雨水里夹杂着瘟兽的毒气，咱们赶紧离开！"

神农话音刚落，头顶的树冠里就传来了絜钩的声音："你

们发现得太晚了！你们已经中了我的毒气麻痹术，今天咱们的游戏就到此结束了，你们死定了！哈哈哈……"

这一刻，我忽然觉得头晕目眩，眼前出现了幻觉，好像周围所有的大树都变成了张牙舞爪的妖怪，而我自己却变得越来越小……

只听啪嗒一声响，毕方鸟和狐翎一起从天上掉下来。我想和神农冲过去保护狐翎，却发现自己浑身就像没有了骨头一样，软绵绵的一点力气都没有。神农想要召唤植物精灵，可是身上的仙灵之气都被毒气麻痹术压制住了，什么法术都用不了。

四只瘟兽从林子里走出来，得意地哈哈哈大笑。就在我们万分绝望的时候，一个身高30多米的树人出现了，他的树干估计由10多个人围成一圈才抱得过来，我们从来都没有见过这么粗的大树。几只瘟兽也愣住了，马上拉开架势准备战斗。

没想到这个树人突然以俯卧撑的姿势趴在了地上，这个举动把我们都吓了一跳。我们这才发现这棵超级粗壮的大树竟然是空心的，树冠中央露出来一个巨大的黑洞，像炮筒一样对着瘟兽们。

絜钩哈哈大笑："倒了，倒了！大块头的树人也扛不住我的毒气麻痹术！"

意想不到的事情发生了，只见卧倒的树人浑身一颤，咚的一声巨响，树洞里喷出来无数紫黑色的果子。絜钩的笑声戛（jiá）然而止，四个家伙一起倒飞了出去，撞到身后的大树才停住。

小猪屏蓬趴在地上哈哈大笑："霰弹炮！这才是宇宙最强乾坤屁，猪战神甘拜下风！"

那些紫黑色的果子炮弹爆炸以后，空气中弥漫着一股浓浓的酒香，刚刚挣扎着爬起来的蜚，又瘫倒在地。"酒气"把雨林里的麻痹毒气都驱散了，我们几个人马上觉得身上有了力气，都从地上跳了起来。

狐翎开心地说："这个树人就是凤鸣谷的**通天树**树人。"

接着，通天树树人也站了起来，树冠里跳出一老一少两个植物小精灵：一个是白发苍苍的老爷爷，脑袋是圆筒形的，头发的样式和通天树的树冠一模一样；另一个小精灵粉粉嫩嫩，头上长满了紫黑色的果子，果子就像刚才通天树大炮发射的那些霰弹一样。

植物知识卡：通天树

尖峰岭的通天树学名叫盘壳栎（lì），生长在鸣凤谷，树高35米，树径2米，树龄已有上千年。通天树的树心是空的，贯通树顶，人若从底部的根钻进树心，抬头就可以看见天空，仿佛是通往天界的神秘通道，所以俗称通天树。

陌生的小精灵自我介绍："我叫**桃金娘**，我的果实鸟儿们都爱吃，还可以入药、酿酒。我和通天树是好搭档，我专门给通天树爷爷提供'炮弹'！"

植物知识卡：桃金娘

桃金娘是一种灌木植物，又叫桃舅娘、乌肚子等，高可达2米，开紫红色的花朵，结紫黑色的果子。成熟的果子可供食用，也可以用来酿酒，是鸟类的天然食源。桃金娘全株都可供药用，有舒筋活络和活血化瘀的功效。

我和神农一边向新朋友打招呼，一边飞奔到几个瘟兽的身边。我们知道这些家伙就算被制服了，也有一万种办法逃跑。

　　果然，我们跑到四只瘫倒在地的瘟兽身边的时候，发现他们的尸体竟然像气球一样慢慢膨胀起来，还发出一股臭烘烘的气味。

　　神农大叫一声："不好！"他飞快地用青铜药鼎挡在我们面前。只听砰砰砰几声响，瘟兽的"尸体"爆炸了，一股黑烟一样的毒气迅速扩散。我们赶紧用了一个乾坤大挪移，从鸣凤谷里逃了出来。

第十一回

追瘟兽师徒闯天池
现木荷英勇灭妖火

小猪屏蓬气哼哼地说："这些瘟兽越来越卑鄙了，就连逃跑都要留下几个毒气弹！"

狐翎笑着说："只允许咱们越来越强大，就不许瘟兽越来越厉害吗？不过，我觉得他们肯定没咱们进步快，因为我们的人手越来越多，而瘟兽始终只有四个。"

神农点头说道："没错！通天树精灵、桃金娘精灵，我邀请你们加入植物精灵军团，跟我们一起去捉拿瘟兽！"

通天树精灵和桃金娘精灵一起欢呼："好耶！神农冒险团的威名早就在所有的植物里传开了，能加入植物精灵军团，是我们的荣耀！"

小猪屏蓬忽然躺在地上大叫："哎哟，猪战神好像被炸伤了！"

我们都紧张地围过去，但发现屏蓬浑身上下根本没有伤口。

我着急地问道："你哪里受伤了？"

小猪屏蓬指指自己的肚子："猪战神被炸以后就饿得不行了，需要桃金娘炮弹才能治好。"

原来这家伙又想骗吃骗喝，我气得脱鞋准备打他屁股。桃金娘精灵像变魔术一样，变出来一大堆果实："没关系，果子有的是，给你吃吧！"

小猪屏蓬一下跳起来，抱着果子就啃了起来。

神农把两个小精灵和他们的树人都收进了《神农本草经》，我们继续出发，直奔**尖峰岭天池**。

景点知识卡：尖峰岭天池

尖峰岭天池位于尖峰岭海拔 800 米的高山盆地，是热带雨林里海拔最高、面积最大的高山湖。天池分两个部分，中间有小岛连接，四周奇峰环抱、雨林常青、湖水碧波荡漾，是传说中南海观音沐浴净身的圣地。这里年平均气温 20 摄氏度左右，冬暖夏凉，绝对是避暑的首选之地。

刚吃完果子的小猪屏蓬又开始碎碎念了："天池的水是不

是神水？一定很好喝吧。"

狐翎笑着说："对一只猪来说，什么水都好喝。我听说天池是观音菩萨沐浴净身的圣地，将军岩的木吒就是负责在附近保护的。"

小猪屏蓬愣了一下："观音的洗澡水？

那猪战神就不喝

了，我也去洗个澡吧！"

我赶紧拦住他："不行！猪洗完澡的水观音还怎么洗啊？估计不等观音菩萨发怒，木吒就得举着双剑追杀你了！"

小猪屏蓬大概是想起了木吒那对吴钩双剑，打了个冷战。我们都哈哈大笑起来。

神农忽然叫道："天池到了。看，天池附近都是佛光。在这个地方，估计受伤的瘟兽不敢嚣张。"

狐翎说道："天池附近有18座山峰，是十八罗汉的化身，瘟兽们估计不敢乱来。不过他们实在狡猾，咱们还是得多加小心。"

狐翎话音未落，我们就发现天池附近的树林里冒起了滚滚浓烟。神农也大吃一惊：

"着火了，快去救火！"

我拉着神农跳上了桃木剑，朝失火的树林飞去，狐翎和小猪屏蓬紧跟在后。小猪屏蓬举着小钉耙喊道："火光里有妖气，肯定是瘟兽放的火。他们发现天池周围有十八罗汉，就想烧掉这片树林，然后再去污染天池！"

神农握着赭鞭着急地说："我马上召唤雨神，不知道大雨能不能浇灭树林里的大火。"

到了失火的地方，我们发现有几十个20多米高的树人战士，已经把四只瘟兽团团围住了，还有一些树人在奋力救火。他们把自己的身体扑在火焰上，或者几个树人环抱一棵着火的大树，很快就把火焰熄灭了！

被包围的瘟兽已经再次合体，长着翅膀的独眼巨人张开大嘴朝着树人不停地喷吐黑色火焰，妖气和黑雾格外猛烈。不过，几十个树人战士迎着火焰和毒气步步紧逼，不断地缩小包围圈，就连火焰喷在身上也置之不顾。

小猪屏蓬大声说道："这些树人战士拼命了，他们这是准备和瘟兽同归于尽吗？"

狐翎使劲摇头："不对，你们看，那些火焰喷到树人的身上就熄灭了，这些树人肯定有抗火的超能力！"

神农也大声惊叹："看，树人收拢包围圈了，他们现在变成一个大木桶，瘟兽逃不掉了！我来帮他们一下！"

神农在半空中拿出了青铜药鼎，一时间，增加的重量把我的桃木剑压得差点"坠机"，我吓得大声惊叫。好在神农已经把青铜药鼎扔下去了，我们俩这才再次爬升。

巨大的青铜药鼎好像炮弹一样，砰的一声把瘟兽合体的巨人给砸成了肉饼，青铜药鼎都陷进了泥土里。树人战士们抬头往上看，树冠里还跳出来几十个小精灵。他们看到神农，发出一片欢呼声："神农来啦！神农我爱你！"

这些精灵的热情让神农兴奋得直搓手，可是下面的火焰还没熄灭，浓烟滚滚，我们还不敢降落。神农念起了咒语："甘露灌顶，光明浴身，内外明彻，显我元神。雨来！"

天池的旁边爆发出一片金光，十八罗汉现身了，诵经的声音在天空中响起，一道道水龙从天池腾空而起，化作瓢泼大雨，瞬间就把树林里的火焰浇灭，连瘟兽留下的妖气都被冲得荡然无存了。

树人们欢呼成一片。我们虽然又被淋成了落汤鸡，但是还挺开心。十八罗汉在空中双手合十，凭空消失了。我们迅速降落在地面。神农拿起药鼎，发现下面的泥土被挖了一个大洞，瘟兽还是逃跑了。

树人们围拢过来，小精灵们开始自我介绍，原来他们是**木荷**精灵，那些不怕火烧的大树就是木荷树。现在正好是夏季，是木荷开花的季节，每棵大树上都开满了白色的花朵，芳香四溢。

神农热情地向木荷精灵们发出邀请："你们愿不愿意加入我们的植物精灵军团啊？"

木荷精灵们纷纷响应，经过一番商议，他们派出了30个树人战士加入了植物精灵军团。

小猪屏蓬兴奋地在半空中翻跟头："这回厉害了，咱们有了一支木荷灭火队，再也不怕瘟兽的火攻了！"

植物知识卡：木荷

　　木荷又叫荷木，是一种大乔木，高可达25米。木荷夏天开白花，芳香四溢。木荷是很好的防火林种，耐火性和抗火性较好，不容易被点燃。木荷毒性较大，不可以内服，但可以捣碎外敷在伤口处，有攻毒、消肿的功效。

第十二回

五指山瘟兽控妖藤
母生树惊艳克绞杀

我拿出昆仑镜仔细查找瘟兽的下落，发现一团妖气逃进了100多千米外的**五指山**热带雨林风景区。

狐翎提醒大家："五指山热带雨林风景区位于海南岛的中南部，里面有很多千年古树，还有一些非常奇特的绞杀植物。现在瘟兽已经掌握了用妖气控制植物精灵和树人的方法，大家一定要加倍小心。"

我们默默点头。神农把所有植物精灵和树人战士收进《神农本草经》，和我们一起飞向了五指山。追踪了一会儿，小猪屏蓬忽然指着一棵树大惊小怪地说道："我的天哪，我发现了一块被勒死的石头！"

景区知识卡：五指山

五指山位于海南岛中南部，因峰峦起伏呈锯齿状，形状像人的五根手指得名。五指山海拔 1867 米，是海南岛的最高峰，有"海南屋脊"和"海南之巅"的称号，是海南岛的象征。五指山还有一个称号叫"琼州水塔"（琼州是海南岛的古称），那是因为海南岛的主要河流都是从五指山发源的。

我吓了一跳，回头一看，果然发现一棵并不是很粗的树，用盘根错节的树根把一块巨石捆绑了起来。这些树根像一只怪物的大手，牢牢地握住了这块巨石。

狐翎拍了小猪屏蓬一巴掌："不要一惊一乍吓唬人，石头又不是活的，怎么可能被勒死？都说了，这片热带雨林有很多绞杀植物，你看到的这叫'树抱石'，是五指山的一种景观。如果这棵树勒住的是一棵大树，还真的会把大树给勒死的。"

小猪屏蓬两个脑袋东张西望："猪战神虽然不怕死，但是这样被勒死的话，一定很难受……"

这时，丛林里传来一片飞鸟拍打翅膀的声音。通常，这种情况都是鸟儿们被什么可怕的东西惊扰，突然成群起飞造成的。我们提高了警惕，所有人都盯着声音发出的方向。

突然，小猪屏蓬手里的九齿钉耙变成了一把大刀，飞快地朝我身后砍了过去。我吓得一激灵，转身一看，地上有一条不停扭动的藤蔓，藤蔓有小孩的胳膊那么粗，好像一条毒蛇，吓得我头皮发麻。

小猪屏蓬得意地说："竟敢偷袭我师父，别忘了猪战神可有两个脑袋！"

狐翎大声警告："小心，这是一种绞杀藤蔓，上面还带着瘟兽的妖气，多亏小猪屏蓬及时发现了！"

话音刚落，神农扑通一声摔了个嘴啃泥，他的左脚腕被一条藤蔓无声无息地缠住，整个人正在被飞快地拖走！小猪屏蓬像箭一样飞了过去，手里的长刀咔嚓一声，把藤蔓砍断了。狐翎和毕方鸟对着藤蔓偷袭的方向连续发射神火红莲。我大声喊道："狐翎，当心别把树木烧着了！"

树林里冲出来一个怪物，浑身都是张牙舞爪的藤蔓，看着好像一只巨大的毒蜘蛛。刚才偷袭我和神农的就是这个怪物。他身上有两条藤蔓带着伤口，一看就是被小猪屏蓬斩断的。我们严阵以待，谁也不知道这是什么怪物。怪物突然说话了："我们四大瘟兽的新形象帅不帅啊？神农，不要以为只有你能控制植物，傻乎乎的植物，我们也能控制！而且我们找到了最棒的绞杀植物，你们的植物精灵军团根本不是我们的对手！"

我们这才看出来，在一堆藤蔓里面，藏着瘟兽合体变成的巨人，一只巨大的独眼还在藤蔓的缝隙里转来转去的。漫天飞舞的藤蔓忽然朝我们扑过来，我挥着桃木剑拨开了一条，可是马上就被另一条勒住了。

小猪屏蓬和狐翎从空中飞过来救我，可是立马被像大鞭子的藤蔓啪啪两声抽飞了，狐翎朝怪物发射的火焰，也都被那些藤蔓瞬间抽打熄灭了。

危急时刻，丛林里传来一声大吼："都闪开！我来收拾瘟兽！"

一个身材高大的树人冲了出来，他的树干光秃秃的，树皮是浅灰色的，头顶上只有一小撮（cuō）树叶，就像一个秃头大叔，整个身体又像一个长杆大蘑菇。他伸出手臂，轻松抓住了怪物，我趁机用桃木剑砍断了缠住我的藤蔓。

小猪屏蓬、狐翎和神农向我靠近。神农因为担心植物精灵被藤蔓植物绞杀，所以一个植物精灵也舍不得放出来。怪物已

经气急败坏地冲向了新来的树人，伸出几条藤蔓缠住树人的身体，又伸出几条藤蔓勒住了树人可怜的树冠。怪物一声大吼，咔嚓一声，树人的脑袋就被掰断了……

我们几个惊掉了下巴：这哪里是援兵啊，分明就是自愿来送死的。我们已经见识过各种各样的树人和植物精灵了，但是战斗力这么弱的还是第一次见到。

怪物的身体里同时发出了四只瘟兽的狂笑声。蜚的声音最大、最响："再来一个树人，这个太不禁打了！"

被掰掉脑袋的树人并没有倒下，他伸出手摸摸自己的脖子，突然又长出来两个脑袋。树人虽然比刚才小了很多，但是可以看出他在缓慢地生长。树人继续前进，还伸手扯断了几根藤蔓。

这个大逆转让我们目瞪口呆。狐翎忽然叫了起来："我知道了，他叫**母生树**！母生树的特点，就是主干被砍断，还能长出好几个新的萌芽，萌芽很快长成新的树干，越长越快，越砍越多！"

狐翎的话也被怪物听到了，他不信邪地又勒断了母生树树人一个新长出来的脑袋。果然，从那个断口上，又长出来四五个脑袋，生长速度比之前更快了。这时，从母生树树人的秃头里跳出一个长得好像蘑菇的小精灵，他尖声大叫："瘟兽，你竟敢利用绞杀植物为非作歹，今天你死定了！"

变得更加茂盛的母生树树人伸出好几条手臂，飞快地把张牙舞爪的藤蔓打了好几个死结，这个死结像一个牢笼，将四只瘟兽困在了里面。

小猪屏蓬大喊一声："烧死他！"

狐翎的神火、狐火、毕方火同时发射，眼看着就把藤蔓笼烧成了一个大火球。

植物知识卡：母生树

母生树的学名为红花天料木，是海南著名的乡土树种之一。母生树是海南当地人的叫法，因为它生长迅速，萌芽力非常强，母树被砍伐后，会有许多幼苗从母树根部萌发出来，其中约有3~6条能够长成大树。一株母生树种下去，可以供数代人甚至十几代人砍伐。

第十三回

水满河伏击四瘟兽
封喉树发射剧毒箭

我们和神农一起热烈欢迎母生树精灵和他的树人战士，盛赞母生树的神奇本领，说得母生树精灵都不好意思了。神农又把所有的植物精灵都召唤出来，欢迎这个新来的伙伴。

等大火球烧完了，我们查看里面的灰烬（jìn），并没有发现瘟兽留下的骨头，看来，这几个家伙再一次逃了。我拿出昆仑镜继续追踪，发现瘟兽逃向了**水满河热带雨林风景区**。

狐翎担心地说："絜钩炼化了化蛇，水法术变得很厉害，咱们在河边战斗肯定会吃亏的。"

小猪屏蓬不在意地说："没关系，猪战神自有办法。如果他们敢藏进河水里，我就把他们冻成冰雕！"

我们都想起来了，小猪屏蓬的九齿钉耙有冰和火两种属性的攻击能力，可以一战。再说，无论有什么困难，我们都要对瘟兽追杀到底。

🟠 景区知识卡：水满河热带雨林风景区 🟠

水满河热带雨林风景区是五指山市非常重要的一个名胜古迹，是五指山唯一的国家 3A 级景区。水满河是古老黎族的母亲河，由五指山原始森林中的山泉水汇聚而成，水流清澈见底。

说话间我们就到了水满河，这里正好是水流湍急的河段。我们惊讶地看到，蜚和猴正骑在一段木头上，在水面玩漂流。絜钩和跂踵扇着翅膀在他们头顶乱飞，还发出各种兴奋的怪叫声。

看到我们来了，絜钩对着我们喊道："这里太好玩了，快来跟我们玩漂流吧。先休战一会儿怎么样？"

小猪屏蓬想都不想就降落在地上，收起九齿钉耙就朝着河边跑过去，一边跑还一边喊："好耶！你们从哪里找的树桩？给我也来一根。水里有鱼吗？如果能抓到可以吃烤鱼！"

　　小猪屏蓬的反应真让我哭笑不得，这家伙也太容易上当了吧！不用想都知道，瘟兽肯定在耍诈，河边绝对有陷阱！

　　我赶紧大声喊道："屏蓬小心，不要过去！"

　　可是小猪屏蓬好像没听见，直接跑到了河边，只听哗啦一声水响，河水里掀起一个巨浪，好像一只怪兽张着大嘴，朝小猪屏蓬咬了过来。不用说，这绝对是絜钩的水法术。小猪屏蓬举起九齿钉耙喊道："落下猛风飘瑞雪！"

　　咔嚓一声响，怪兽瞬间就变成了冰雕，怪兽脑袋上顶着的蜚和猴，也一起被冻在了冰块里。蜚和猴分明是想趁机偷袭小猪屏蓬，没想到小猪屏蓬聪明地将计就计，在靠近敌人的时候使出了绝招。

　　跂踵和絜钩一看情况不妙，转身就想逃跑。我们正要追击的时候，一个高大的树人战士从河对面冲了出来。他的个头有20多米，树皮有点像桦树皮，树叶翠绿，树冠里有一个满头红色果实的小精灵在指挥行动。

　　树人伸手拿出了一张弩弓，瞄准天上的跂踵和絜钩就是一个十连发，十支弩箭箭箭无虚发，全都射在了絜钩和跂踵的身上。两只瘟兽直接从天上掉落了下来。

　　他们口吐白沫，浑身僵硬，这分明是中毒的迹象。植物小精灵指挥树人从地上捡起两只瘟兽，然后三两步就蹚过河来到我们身边。小精灵开心地喊道："神农大神，我帮你抓住了两只瘟兽！你必须让我加入你的植物精灵军团，我是**见血封喉树**精灵！"

植物知识卡：见血封喉树

见血封喉树是一种乔木，高25~40米，是一种剧毒植物和药用植物。其乳白色的树汁有剧毒，人畜的伤口接触到树汁，会导致心脏麻痹，血管封闭，直到窒息死亡，所以叫见血封喉。海南和云南地区的居民用树汁作箭毒，射杀野兽，所以见血封喉树又被称为毒箭木。见血封喉树的鲜树汁具有催吐、麻醉的功能，但因为有剧毒，所以要慎用。

好一个见血封喉，怪不得跋踵和絜钩中箭以后都来不及逃跑，也来不及用任何法术，因为射中他们的弩箭上，有超级厉害的毒液。见血封喉树的名字一听就很霸气，神农马上放出来所有的植物精灵欢迎新伙伴。

一阵热闹，我们才发现被小猪屏蓬冻住的蜇和猴不见了，气得小猪屏蓬直跺脚："哎呀！猪战神也抓住了两个俘虏啊，结果一看热闹，让他们跑了，简直气死猪战神了！"

我安慰小猪屏蓬道："你也很厉害，不用担心，咱们早晚会抓住蜚和猴的。"

见血封喉树精灵的加入，让我们多了一个厉害的神射手。虽然跑了两只瘟兽，但是毕竟抓住了絜钩和跂踵，这个战果还是很让人开心的。

狐翎说道："神农，虽然跂踵和絜钩都中毒了，但是瘟兽的恢复能力超强，你最好还是赶紧把他们封印了吧！"

"狐翎说得有道理，我这就封印了他们！"神农一只手提着絜钩，另一只手抓着跂踵，嘴里念出了咒语，"乾坤朗朗，日月生辉，纯阳破浊气，怪兽真飞灰。收！"

只听嗖嗖两声响，跂踵和絜钩被吸进了青铜药鼎，青铜药鼎的两侧出现了絜钩和跂踵轮廓的花纹，好像刻上去的一样。

我们松了口气，狐翎和小猪屏蓬还好奇地摸摸青铜药鼎上的花纹。狐翎有点担心地说："神农，我感觉两个瘟兽还活着，他们会不会再次逃跑呢？"

神农说道："越是厉害的妖怪越难被杀死，所以才要用封印术。虽然趹踵和絜钩没死，但是随着我不断在青铜药鼎里面炼药，两只瘟兽最终会被彻底炼化的。"

我们这才放心。剩下两只瘟兽蜚和猴，我们也要尽快把他们捉拿归案。

第十四回

铜鼓岭藏身红树林
金毛狗对抗招潮蟹

　　封印了两只可恶的瘟兽后，我们士气大振，全身好像充满了力气。接着我们继续追捕蜇和猴，一口气从五指山跑到了260千米外的**铜鼓岭**。铜鼓岭位于海南省文昌市，在海南岛的最东边，东临南海。

　　我们很快就发现了一大片红树林。红树林是陆地向海洋过渡的特殊生态系统。红树植物根系发达，能在海水中生长，可以把海水转化成淡水吸收，还能净化海水，为很多生物提供生存栖息的空间，有"海岸卫士""海洋绿肺"的美誉。

　　狐翎警惕地说："大家小心，蜇和猴就藏在这片红树林里。"

　　小猪屏蓬掏出几根猪毛往空中一撒，嘴里念出咒语："**道**

生一，一生二，二生三，三生万物。猪毛分身术。"

景区知识卡：铜鼓岭

　　铜鼓岭位于海南省文昌市，是海南一大名山，素有"琼东第一峰"的美称。铜鼓岭主峰海拔 338 米，三面环海，植物生长茂盛，种类繁多。传说当年东汉名将——伏波将军马援远征，平叛交趾（今越南北部红河流域）的时候，曾在这里传授百姓先进的农耕技术。他离去时，把象征力量、平安的铜制战鼓赠送给当地百姓，铜鼓岭也因此而得名。

　　一群小猪屏蓬哈着腰，蹑手蹑脚地钻进红树林去侦察。还没几分钟，这群小猪就狼狈地从红树林里跑了出来。我们大吃一惊。小猪屏蓬的真身嘴里嘟囔着："多亏猪战神神机妙算，没有直接闯进红树林，这里面怎么有这么多螃蟹精?!"

　　只见红树林里冲出来一大群张牙舞爪的大螃蟹。他们每一只的个头都比老年代步车还要大，奔跑的速度也赶超老年代步车，两只圆鼓鼓的眼珠子瞪得老大，两只钳子高高扬起。这些螃蟹都是招潮蟹，因为他们的钳子一大一小，那只小钳子都能夹断人的一条胳膊，那只大钳子估计夹碎人的脑袋也毫无压力。就连神农都没见过这么大的招潮蟹，怪不得小猪屏蓬的分身都被吓得落荒而逃。

神农挠挠脑袋："猪战神的分身怎么会输给一群螃蟹呢？他们只是个头大点，应该也不是九齿钉耙的对手吧？"

小猪屏蓬转身就跑："我的分身当然会用耙子打他们，可

是他们的钳子被打断了马上就会再长出来。他们身上都是妖气，肯定被猴改造过了！"

狐翎拉着我开始逃跑："晓东叔叔快跑吧，咱们不能跟怪物浪费时间！"

神农有点心急，他不但不跑，还举着青铜药鼎迎着螃蟹群冲了过去："我就不信这个邪！"只听砰的一声响，一只冲在最

前面的大螃蟹被药鼎砸得稀烂。可是下一个瞬间，这只大螃蟹就又复原了，跳起来就用大钳子夹住了神农的腿。

"啊！"神农一声惨叫，青铜药鼎都被扔了出去。我们赶紧止住脚步："快救神农！"

一瞬间，《神农本草经》里的植物精灵和树人全都出现了，大家都被眼前的螃蟹大军惊呆了，好几个树人刚露面就被几只巨大的招潮蟹钳住了。一时间呼喊声、叫骂声和蟹钳发出的咔嚓声此起彼伏，战场上乱成了一团。

这些招潮蟹攻击力超强，只要出手必定让我们挂彩；更厉害的是，他们就算被砸烂了，也能原地满血复活。

红树林里传来了蜚和猴得意的狂笑声："哈哈哈！我们的螃蟹大军所向披靡，今天就要让你们全军覆没！"

我们在螃蟹大军的主场战斗，不熟悉环境又被打了个措手不及，完全陷入了敌人的包围圈。蜚和猴也没闲着，在红树林里不停地释放法术。蜚先用自己的牛虻从海边找来更多小招潮蟹，再用自己的妖气让他们变大；猴给这些招潮蟹施加再生复原术，让他们在一段时间内无论受了多重的伤都可以迅速复原。

狐翎一边用神火帮我们构建一个火焰防护圈，一边大声提醒神农："神农快召唤红树林的植物精灵啊！只有当地的植物精灵能帮咱们啦！"

神农一边喘一边喊："哎呀，我怎么都忘了……北斗七元，神气统天，天罡大圣，威光万千。精灵现身！"

红树林里爆发出一片金光，几个高大的**红树**树人从林子里出来，对着蜚和猴就是一顿拳打脚踢。两只瘟兽怪叫着逃跑，招潮蟹的援军终于不再增加了。红树树人顾不上追击，冲过来营救我们。那些巨大的招潮蟹因为两只瘟兽的逃离，失去了妖气的支撑，迅速变小了，而且也瞬间失去了战斗的勇气，四散奔逃。

植物知识卡：红树

红树在东南亚地区是高大乔木，但在中国由于气候影响，成了小乔木；高 2~4 米，树皮是黑褐色的，是营造海岸防护林的重要树种。红树的树叶虽然是绿的，但因它们的树干枝丫断面极易被氧化而呈现红色，因此得名。

小猪屏蓬气得用耙子到处打，嘴里还喊着："你们这群可恶的螃蟹！"

狐翎拦住他说："别打了，他们不过是些小螃蟹，让他们回家吧。都是瘟兽捣的鬼，招潮蟹也是受害者！"

此时，我们每个人的身上都伤痕累累，要不是大批树人战士的保护，我们今天全都得缺胳膊少腿。红树树人的树冠里跳出来两个小精灵：一个是满脑袋树权的红树精灵；另一个长得很可爱，浑身毛茸茸的，头上长着一大簇羽毛般的叶片。

狐翎不由自主地说道："好可爱的小精灵，长得就像一只金毛狗！"

那个小精灵使劲点头："没错，我的名字就叫**金毛狗**。我是一种蕨类植物，根上长满金色绒毛，所以就得了'金毛狗'这个名字。"

金毛狗精灵召唤出一群和他一模一样的小精灵，这些小精灵手里拿着自己的金毛给我们治疗伤口。我们这才知道，原来金毛狗这种植物的绒毛可以给伤口止血。

大家都松了口气，靠在旁边的大树上休息，突然听见神农一声惊叫："我的青铜药鼎呢？"

一个红树树人说："刚才我救你们的时候，看到几个招潮蟹抬着一口大锅逃跑了，那是你的青铜药鼎吗？"

植物知识卡：金毛狗

金毛狗是一种蕨类植物，叶片大，像一根羽毛，是由许多小叶组成的复叶。金毛狗的茎为根状茎，横卧在地上生长，而且粗大，露出地面的部分有金黄色长绒毛，看起来像趴在地上的金毛狗头，因此得名。金毛狗茎部顶端的长软毛可用作止血剂，根状茎入药时叫金毛狗脊。除此之外，据《神农本草经》记载，金毛狗的茎入药有补肝肾、强腰膝、除风湿、壮筋骨等功效。

第十五回

伏波道被困伏波窑
大风子毒瞎四瘟兽

听了红树精灵的话，我们哭笑不得。这场仗打得太狼狈了，我们不仅遍体鳞伤，还丢了青铜药鼎。神农气得直跺脚，立马要冲进红树林去找回自己的青铜药鼎。

狐翎安慰他说："神农大神别着急，你的青铜药鼎充满了仙灵之气，瘟兽就算拿走也用不了。咱们先休息一下，一定能把青铜药鼎抢回来的。"

小猪屏蓬也拍着小胸脯喊道："放心吧，猪战神帮你抢回来！"

神农叹了口气，很快就和新来的植物精灵聊得火热。我和狐翎趁机用昆仑镜飞快地搜索，发现了蜚和猴的踪迹——他们跑到了**伏波古道**。

景点知识卡：伏波古道

伏波古道全长约899米，有999级台阶。相传，当年伏波将军马援远征交趾的时候，因遭遇风暴在铜鼓岭临时屯军，为了方便当地村民上山获取猎物，专门修建了这条道路。

我们很快就恢复了体力，神农惦记着自己的青铜药鼎，马上让所有的植物精灵都进入《神农本草经》，然后我们一起用乾坤大挪移赶到了伏波古道。我们沿着古道的石阶一路飞奔。狐翎边跑边介绍环境："伏波古道长度不到900米，前面会经过伏波窑，是一个山洞，还会经过仙羽禅洞和仙姑庵……"

突然，我们的前面出现了滚滚黑烟，跑在前面的神农一个急刹车拦住我们："这是妖气，有毒。"

话音刚落，负责殿后的小猪屏蓬也叫了起来："后面也有妖气。咱们被包围了！"

我大吃一惊，只见前后左右，好像滚滚浓烟一样的黑色妖气朝我们包围过来，四面八方都是蜚和猴的怪笑和吼叫声。他们现在损失了两个队友，所以不敢正面进攻，开始使用各种阴谋诡计了。

狐翎四下一看说道："前面就是伏波窑，咱们赶紧进山洞躲避一下。"

也只能这样了。我们跟着狐翎钻进了伏波窑，还用一个法术结界封住了洞口。伏波窑里面黑乎乎的，什么也看不清，狐翎点起一团神火，照亮周围的环境。

神农忽然惊叫一声："我的青铜药鼎！"

我们也大吃一惊，只见青铜药鼎正在山洞的一个角落里。难道我们误打误撞找到了瘟兽藏匿青铜药鼎的地方？

我觉得不对劲，赶紧喊道："神农，等一下！"

可是已经晚了，心急的神农冲过去一把抓住了青铜药鼎。只听砰的一声响，青铜药鼎里冒出一股黑烟，我们几个人瞬间被黑烟吞没了。

小猪屏蓬第一个叫了起来："哎哟，好疼，好痒啊！"

我身上也有了又痛又痒的感觉，忍不住用手去抓。借着狐翎的火光，我发现每个人的手臂上都有红色的斑点，心里一惊："咱们好像感染了麻风病，这可糟糕了……"

狐翎说道："咱们在四川亚丁冲古寺的时候，瘟兽就散播过麻风病毒，当时是黄连精灵帮我们消除麻风病毒的。"

神农赶紧拿出《神农本草经》，召唤出了黄连精灵。黄连精灵飞快地把药水涂抹在我们的皮肤上，我们的症状虽然得到了缓解，但是却没有被治愈。

黄连精灵着急地说："这里的环境黑暗潮湿，病毒的密度又特别大，光靠我自己的力量很难把你们治愈。咱们得赶紧冲出去。"

这时，黑暗中一个陌生的植物小精灵跳了出来："是神农大神吗？我是海南大风子精灵，我来帮你们了！"

只见一个松鼠大小的精灵站在一块大石头上对我们打招呼，他的头上长着好几个棕褐色带有绒毛的果子。

海南大风子精灵飞快地说道："外面的毒气已经消散了，咱们赶紧离开。给你们吃点我的果子。**海南大风子**树又叫海南麻风树，可以用来治疗麻风病！"

我们听了非常开心，接过海南大风子精灵扔过来的果子就吃，快跑出洞口的时候，我身上已经没有那么痒了。没想到，四只瘟兽正堵在洞口等我们，跂踵和絜钩果然被营救了出来。一看我们出现，四个坏蛋就向我们发射各种毒气、毒针、倒霉光环和黑色火焰。我们被堵在山洞里面冲不出去，就算神农召唤出了植物精灵也没法还击。

植物知识卡：海南大风子

海南大风子是一种常绿乔木，高可达 15 米，也叫龙角、高根等，在海南不同地区有不同的叫法。因为种子入药能治麻风病，这种树还有"海南麻风树"的别称。除此之外，海南大风子的种子入药可用于消炎。《本草求原》里说服用大风子必须先除掉浮油以减少毒性，不然反而会伤身体，服用太多还会导致失明。

海南大风子精灵吹了一声口哨，瘟兽背后的林子里冲出来一群全身灰褐色的大风子树人。他们一边奔跑一边用果实射击四只瘟兽，瘟兽飞快地合体变成了独眼巨人，张开大嘴把果子全吃了。

我们趁机冲出洞口。独眼巨人刚要冲过来拦住我们，又猛地停住了脚步，他用两只大爪子四处乱摸："奇怪，天怎么突然黑了？"

海南大风子精灵哈哈大笑："你中毒了，吃多了我的果实就会导致失明。大家揍他！"

我们对独眼巨人发动了猛烈攻击。独眼巨人一边惨叫，一边化作一群牛虻，没头苍蝇一样四散奔逃了。

第十六回

闯云顶抢夺风动石
古山龙治好红眼病

休息了片刻，我们按照昆仑镜的指引发现瘟兽逃到了铜鼓云顶，继续追踪瘟兽。站在铜鼓云顶上，可以一览铜鼓岭独特的山海景观，有波澜壮阔的大海，还有景色秀丽的雨林景观。山上还有揽月台、观海长廊、铜鼓、风动石等景点，是铜鼓岭景区的精华所在。

狐翎说："铜鼓云顶有一块风动石，虽然有 20 吨重，但是能被风吹得摇摇晃晃，却不会倒下。传说这是玉帝派下凡采药的金丝仙女的化身。"

小猪屏蓬哼哼唧唧地说："我猜一定是金丝仙女在人间发现了各种好吃的美味，舍不得回天上去了，玉皇大帝一生气，就把她变成了大石头。"

我气得揪住他的耳朵说："不知道你就不要乱讲。传说金丝仙女爱上了猎人，情愿变成凡人嫁给他。仙女在失去法力以后，遇到坏人要拆散他们，所以仙女才变成了风动石。那边的山麓上还有一块'伸臂郎'奇石，就是她丈夫的化身。"

小猪屏蓬叹了口气："唉，可惜当时猪战神没在，要不就算是玉皇大帝亲自来拆散他们，猪战神也不会答应！呃……坏了，你们看，瘟兽正趴在风动石上吸仙灵之气呢！"

风动石是金丝仙女的化身，在铜鼓云顶的高处常年吸收天地灵气，所以才吸引了瘟兽的注意。我们赶紧加快了速度，冲向风动石。小猪屏蓬脚踏小祥云飞在最前面，大喊道："可恶的瘟兽，快滚开！"

四大瘟兽又合体了。虽然跂踵和絜钩现在被蜚和猴从青铜药鼎的封印里救了出来，但是他们元气大伤。铜鼓云顶的这块风动石简直成了他们的救命稻草，现在独眼巨人正抱住风动石拼命吸取里面的仙灵之气。听到小猪屏蓬的喊声，独眼巨人一下转过头来，他的眼睛里全是红血丝，脸上的表情狰狞恐怖。

小猪屏蓬举着钉耙朝瘟兽砸过去，瘟兽的眼睛里突然射

風動石

出一道红光，击中了小猪屏蓬的身体。小猪屏蓬惊叫一声，就从半空中掉了下来。独眼巨人转身就跑，一头钻进了丛林里。

我们冲到小猪屏蓬的身边，小猪屏蓬正用两只小胖手拼命地揉眼睛。我和狐翎把他的手拉下来，不由得大吃一惊，小猪屏蓬的四只眼睛现在都变得通红通红的。

小猪屏蓬着急地喊道："别拉着我，我的眼睛又疼又痒，好像火烧一样，快让我揉一揉！"

神农拦住他说："不要揉，这是红眼病，你越揉就会越难受，我赶紧找药帮你治疗！"

话音刚落，我也觉得自己的眼睛痒了起来，旁边狐翎也忍不住用自己的小手去揉眼睛。这下麻烦了，我们的眼睛瞬间都被感染了，连神农都觉得眼睛又疼又痒。我们一边喊着不要揉眼睛，但是一边又忍不住用手去揉，越揉越难受。

神农着急地说："瘟兽的红眼病太厉害了，普通的红眼病没有这么严重，甚至可以自愈。坏了，我看不清了，我的《神农本草经》呢？我的药呢？"

神农像盲人一样到处乱摸。我睁开眼睛想帮他找，却发现眼前站着的不是神农，而是瘟兽合体的独眼巨人。我赶紧抽出桃木剑朝独眼巨人砍去。

独眼巨人反应神速，抓起旁边的大石头格挡，只听当的一声响。这声音莫名熟悉——这分明是青铜药鼎的声音啊！

再看旁边，狐翎和小猪屏蓬不见了踪影，两个小妖怪扭打在一起，嘴里发出的却是狐翎和小猪屏蓬的声音。

"打死你这个小妖怪！"

"别过来，我烧死你！"

我觉得不对劲了，这分明是幻觉！我嘴里飞快地念动咒语："元皇正气，来合我身，雷门十二，开指生光。天眼开！"

眼前一片清明，我终于能看清楚了，哪里有什么独眼巨人和小妖怪，只见神农举着青铜药鼎正要砸我，突然就停在了半空中；狐翎和小猪屏蓬正摆出决斗的架势，不知为什么抢着的小拳头也停在了半空中。

原来，瘟兽的红眼病不仅让我们觉得眼睛又疼又痒，还迷惑了我们的视觉，差点让我们自相残杀。

这时，一个好听的声音响起来："神农大神不要慌，**古山龙**精灵来了！"

只见旁边出现了一棵藤本植物，他个头不大，枝条好像黄色的小龙，叶子油亮油亮的，是好看的黄绿色。拨开树叶，一个浑身淡绿色的小精灵出现了，他的头上也长着古山龙藤蔓那种好看的绿叶。

植物知识卡：古山龙

古山龙是一种木质藤本植物，高可达 10 余米，茎和老枝是灰色或暗灰色的，叶片是绿色的。古山龙的根是圆柱形，弯弯曲曲，偶尔有枝，像一条黄龙。古山龙入药可清热解毒，还能治疗饮食中毒、便秘、痢疾、传染性肝炎、咽喉肿痛等病症。

古山龙精灵一扬手，一滴滴清凉的液体就飞进了我们的眼睛，那种痛痒的感觉瞬间消失了。四只瘟兽见妖术被破除了，还有新的植物精灵赶来助战，立刻一阵风似的逃走了。

古山龙精灵开心地说："这是我的古山龙精华液，能治疗红眼病，保证你们的眼睛比原来还明亮！神农大神，我要加入你的植物精灵军团！"

神农开心大笑："好啊！热烈欢迎，快跟我一起去追瘟兽吧！"

东山岭瘟兽盗玉笏（hù）
鹧（zhè）鸪（gū）茶围困捉妖人

我们抖擞精神，继续追到了 140 千米外的**东山岭**。狐翎已经在路上给我们介绍过了："东山岭位于海南岛万宁市，虽然主峰海拔只有 184 米，却有'海南第一山'的美名，因为这里有著名的东山八景：七峡巢云、正笏凌霄、仙舟系缆、蓬莱香窟、瑶台望海、冠盖飞霞、海眼流丹、碧水环龙。这八景大多和奇石相关。"

小猪屏蓬听了急得直眨眼："这么多奇石，咱们怎么知道瘟兽会对哪块石头下手呢？"

狐翎胸有成竹地说："根据我的分析，瘟兽最有可能夺取正笏凌霄里面的笏板。传说，正笏凌霄里的笏板是南海龙王朝拜玉皇大帝时候用的玉笏。笏板是古代大臣上朝的时候用的

'笔记本'，也是权力的象征。南海龙王用过的玉笏，一定充满了仙灵之气。"

景区知识卡：东山岭

东山岭是由三座相连的山峰组成的，像一个笔架，唐代时被称为笔架山，宋代以后人们称之为东山岭。东山岭景区独特的自然风貌和丰富的人文景观相互交融，形成了丰富的东山岭文化，这是东山岭被誉为"海南第一山"的重要原因。

我点点头说："正笏凌霄是一块直耸入云的巨石，整体像刀削的一样挺立，历经风吹雨打也不曾倒塌，巨石上刻着'正笏'两个字。据说南海龙王在海南岛东山岭取仙丹救母时，把笏板化作巨石，放在东山岭上，用来保护当地百姓。"

我们一边说着，一边直奔正笏凌霄。我们赶到巨石那里时，发现巨石下有一大群五六米高的灌木树人正严阵以待，他们浑身妖气缭绕，双眼泛红，一看就是已经被瘟兽控制了。

瘟兽合体变成的独眼巨人从树人背后跳到一块大石头上，蜚的声音传来："神农，我已经拿到南海龙王的玉笏了，现在这附近的植物都听我调遣，不想死就赶紧投降！"

神农收起青铜药鼎，拿出自己的赭鞭甩出啪的一声响。神农肯定是想用赭鞭唤醒那些被妖术控制的植物。所有灌木树人的身体都哆嗦了一下，可是，他们还是一副准备进攻的样子。

独眼巨人哈哈大笑："没用的，神农，有本事你就用鞭子抽他们啊！现在这些树人都只听我们的话。鹧鸪茶树树人，给我抓住那几个家伙！"

原来这些灌木叫**鹧鸪茶树**。几个植物小精灵从鹧鸪茶树树人的枝叶里探出头，两只眼睛冒着红光，一起发出吱吱的叫声，听得我头皮发麻。

植物知识卡：鹧鸪茶树

　　鹧鸪茶树是一种野生灌木，主产于海南万宁地区，最高可达 10 米。鹧鸪茶树的大叶是一种品质优良的茶，文人墨客说它是茶品中的"灵芝草"。鹧鸪茶有一股好闻的药香，药用能清热解毒，可以用于治疗咳嗽、痰火内伤等。鹧鸪茶树的根入药可治牙痛，也可治疗孩子面黄肌瘦、肚腹膨胀等症状。据说当地人发现这种茶树治好了奄奄一息的鹧鸪鸟，所以给它起名鹧鸪茶。

小猪屏蓬刚要迎着树人冲锋，却被狐翎拉住了。神农也直往后退，虽然他手里的赭鞭是植物的克星，可是神农从来不舍得用赭鞭抽打植物，这也是所有植物精灵都爱神农的原因。我着急喊道："先撤退，咱们不能伤害树人！"

我们狼狈地转身撤走。从我们追杀瘟兽以来，这还是第一次还没开战就撤走，原因还是被一群树人追杀，真是气死人！

忽然天空中飞来一群鹛鸪鸟，它们飞到我们的头顶一起拉鸟屎，鸟屎噼里啪啦好像下雨一样，淋得我们满身都是。小猪屏蓬气得大喊："狐翎！快点放火烧死这些鸟！"

狐翎大声回答："不行，鹛鸪鸟是鹛鸪茶树的好朋友。传说鹛鸪茶树是茶中灵芝草，救过鹛鸪鸟的命，所以鹛鸪鸟才会听鹛鸪茶树精灵的指挥！"

小猪屏蓬气得哇哇大叫："太可恶了！我不想逃跑了，猪战神要把瘟兽手里的玉笏夺回来！"

小猪屏蓬嗖的一声就飞上了天空，高举九齿钉耙，穿过鸟群冲向了独眼巨人。独眼巨人正得意地狂笑，看到小猪屏蓬突然踩着小祥云杀过来了，抓起一块大石头就朝小猪屏蓬砸了过去。

　　我急中生智，提醒神农："神农大神，快召唤天界神光，驱散敌人的妖气！"

　　神农的仙灵之气最足，所以他召唤的天界神光效果一定最好。神农大声念起咒语："天之光，地之光，日月星之光，神光照十方！"

　　天空中洒出一片耀眼的金光，完全覆盖了鹧鸪茶树树人和天空中的鹧鸪鸟。鹧鸪茶树树人身上的黑色妖气在天界神光的照耀下烟消云散，他们慢慢停住了脚步，天上的鹧鸪鸟也不再疯狂地追着我们拉屎了。

　　狐翎伸出小手，指着那群鹧鸪茶树树人也念出了一段咒语："如封似闭，妖魔遁形，广修万劫，证吾神通。破！"

　　那些树人眼睛里的红光彻底消失了，他们好像刚睡醒一样，迷茫地东张西望起来。神农一甩赭鞭，大喊一声："我是神农，鹧鸪茶树精灵听令，帮我捉拿瘟兽！"

　　鹧鸪茶树精灵们一起答应："是！神农大神！"

　　所有鹧鸪茶树树人的身上都爆发出一阵好闻的药香，他们朝瘟兽发起了冲锋。天上的鹧鸪鸟也朝瘟兽扑了过去。

　　独眼巨人已经被小猪屏蓬用九齿钉耙打得遍体鳞伤，一看鹧鸪茶树树人和鹧鸪鸟全都冲杀了过来，他突然朝小猪屏蓬扔出一个亮闪闪的东西。小猪屏蓬以为是暗器，刚要用钉耙格挡，但他看出这件东西不但没有妖气，反而散发着仙灵之气，又连忙收了钉耙！小猪屏蓬伸手接住，一看，原来是一个雕刻精美的玉笏。可惜的是，妖兽合体的独眼巨人趁这个机会溜之大吉了。

第十八回

石仙舟暗藏奇洞天
轻木精打断琵琶音

瘟兽受伤逃跑，小猪屏蓬夺回了玉笏。我们把玉笏放回了正笏凌霄的巨石当中，又让神农在巨石上增加了结界，避免瘟兽再次偷走玉笏。

这时候，天空下起了淅淅沥沥的小雨，正好把我们身上的鸟屎都给冲干净了。鹧鸪茶树精灵很惭愧，因为他们被瘟兽蛊惑了，差点犯下不可弥补的错误，不过喜爱植物的神农可舍不得惩罚他们。神农挑选了几个鹧鸪茶树精灵收入自己的《神农本草经》，我们继续去追捕四只可恶的瘟兽。

我们沿着山路追击，忽然听到了一阵悠扬的琵琶声。小猪屏蓬两个脑袋东张西望说道："当心，我听这个琵琶曲，好像晓东叔叔说的《十面埋伏》!"

狐翎拍了他脑袋一下："别胡说，这声音是从三十六洞天发出来的。前面就是东山八景之一的仙舟系缆，那儿有块巨石像大船，旁边还有一块石头像缆绳，传说是南海龙王留在这里的。最神奇的是在舟下有一个又窄又深还非常曲折的洞，名叫三十六洞天，每到下雨，洞里就会传出动听的琵琶声。传说南海龙王乘舟在这里搁浅，后来从这洞里回到了南海。"

我们一直紧张地追捕瘟兽，现在被雨水一淋，开始感觉有些疲惫，而这似琵琶弹奏的水声让我们放松了一直紧绷的神经，顿时觉得更累了，我们决定坐在路边的大树下休息一下。很快，我就睡着了。忽然，我听到一声蚩的吼叫，睁眼一看，瘟兽合体变成的独眼巨人正举着一块大石头想要砸死我。我吓得魂飞魄散，赶紧向旁边一滚，险而又险地避开了石头。我拼命大喊："狐翎、小猪屏蓬、神农，快醒醒！瘟兽来了！"

可是周围根本没有人回应！我一边抽出桃木剑和乾坤圈准备战斗，一边四下一看，哪儿还有那三个人的影子啊！我一下就慌了：他们到哪里去了？周围一片昏暗，天好像已经黑了。独眼巨人摇摇晃晃地朝我走过来，我想举起桃木剑和乾坤圈，可是这两件兵器突然变得重如泰山，我根本就抬不起手来。

蜚得意地狂笑："哈哈哈，神农，还有你的小猪妖、九尾狐已经全被我干掉了，你现在也死到临头了，你们的宝贝都是我们四大瘟神的了，这场游戏结束了！"

我大声喊道："不，不可能！我跟你拼了！"

我飞快地念起了静心咒，希望能重新控制自己的身体："太上星台，应变无停，驱邪伏魔，保命护身，智慧明净，心安神宁，三魂永固，魄无丧倾！"

我的眼前变得亮了起来，无数巨大的身影摇摇晃晃地朝我走了过来，看轮廓好像是一种没有见过的树人。我心里一阵惊喜，只见几个10多米高的树人抬着一座小山，轰隆一声就把瘟兽压在了山下。一个穿着远古服装的小男孩从树人身后跑出来对我招了招手，我好像见过他，是轩辕黄帝身边创造了文字的仓颉（jié）。我用尽全身力气朝树人和仓颉走过去，可是眼前一黑就昏过去了。

不知道过了多久，我听见耳边有小猪屏蓬和狐翎的声音在喊："晓东叔叔快醒醒！"

我努力睁开眼睛，发现三张小脸在我的面前，他们的脑后是蓝天白云，看来是我做了一个梦。我赶紧坐了起来："我怎么睡着了？"

小猪屏蓬嘿嘿笑着说："不光你睡着了，咱们全都被催眠了。刚才咱们听到的琵琶声里有瘟兽的妖气，要不是神农在失去意识的最后一刻念了请神咒，召唤出**轻木**精灵和仓颉，咱们今天就死定啦！"

植物知识卡：轻木

轻木是一种常绿乔木，树高可达 16~18 米，树皮呈灰色，树叶像爱心的形状。因为它材质均匀、易加工，所以有人说它是世界上最轻的木材。轻木导热系数较低，是一种很好的绝热材料。此外，轻木还是制造隔音设备、救生胸带、水上浮标等物品的原材料。

我惊讶地说："我刚才就梦到仓颉了，他怎么会出现在海南岛的东山岭啊？"

狐翎回答："传说仓颉造字的时候，走遍天下名山，都没有想到'山'字应该怎么设计，直到来到海南岛的东山岭，看到三山相连，错落有致，才突然获得了灵感，创作出我们现在用的'山'字。所以，东山岭和仓颉十分有缘。那些树人是轻木树人，刚才就是他们把咱们围起来，隔绝了带有妖气的琵琶声，咱们才能醒过来的。"

原来如此，我想想觉得实在后怕，瘟兽们的妖术越来越强，看来我们要加倍小心了。

神农挑选了几个轻木树人战士补充到我们的植物精灵军团。然后我们抖擞精神，继续追击。

第十九回

沉香精追踪四瘟兽
龙将军驱逐盗宝贼

四只瘟兽逃向了**东灵寺**方向，狐翎又开始飞快地介绍东灵寺的情况："东灵寺内有观音、普贤、文殊、弥勒、韦陀等七尊金身佛像。瘟兽们已经领教过观音菩萨有多厉害了，估计他们不敢明目张胆地在东灵寺闹事。"

景点知识卡：东灵寺

东灵寺是一座历史悠久、文化底蕴深厚的佛教寺庙，位于海南省万宁市东山岭中。据历史记载，该寺始建于宋代，原名鸡竺（zhú）庵，后出于各种原因几经重修，寺名也几经变更，1998 年重建更名为东灵寺。

　　小猪屏蓬不放心地问："那东灵寺有没有什么宝贝？四大瘟兽可是最擅长偷东西了，如果那里有宝贝的话，多半他们的目标就是那件宝贝！"

　　狐翎想了想，突然惊叫道："哎呀，虽然没想到有什么宝贝，但是我想起那里是一个秘密通道的入口！"

　　小猪屏蓬兴奋了："什么秘密通道？通往哪里的？通道的尽头有什么宝贝？"

　　我和神农也开始好奇了。狐翎飞快地说道："就是东山八景之一的海眼流丹。东灵寺的东侧有一个神奇的泉眼，藏在深山幽谷里，涓涓细流终年流淌，滂沱大雨不淹溢，久旱岁月不枯竭，传说这泉眼来自南海龙宫。如果瘟兽顺着这个泉眼溜到龙宫去偷东西，那南海龙王的龙宫里，宝贝可太多了，万一他们偷到一两件，麻烦可就大了！"

　　海眼流丹竟然如此神奇，我和神农都觉得十分意外。我们加快了速度，很快就来到了海眼流丹。这个泉眼好像一口井，上面还有一条绿色的巨龙雕塑。小猪屏蓬冲过去，两个鼻子使劲地闻来闻去说："猪战神保证，瘟兽肯定来过这里了，这儿的妖气特别重！"

　　忽然一股香气飘来，我们回头一看，身边走过来好几个高大的树人，树冠里的小精灵们好奇地打量着我们。小精灵们的头上都盛开着黄绿色的花朵，香气就是从这些树人和小精灵的身上散发出来的。

神农开心地说道："你们是**沉香**对不对？沉香是香料也是药材，这香气我闻过！"

小精灵们开心地说："没错，我们就是沉香精灵！你是神农大神？"

植物知识卡：沉香

沉香是一种高可达15米的内含树脂的乔木，其含树脂的木材气味芳香，是一种传统香料，也是中国大量使用的重要名贵药材，在世界上已有上千年的应用历史。沉香入药有行气止痛、纳气平喘等功效，常用于治疗胸腹胀闷疼痛、胃寒呕吐打嗝等。作为香料，沉香有养生保健、净化空气、舒缓疲劳、杀菌抑菌、安神助眠等功效。

真羡慕神农的好人缘，走到哪里都有一群植物精灵"追星族"。各种植物小精灵见到神农就像见了亲人一样，从来都没有陌生的感觉。狐翎一直紧盯着那几个小精灵看，我知道她在练习读心术了。果然，狐翎突然问道："沉香精灵，你们是不是看到四大瘟兽钻进海眼流丹了？"

几个沉香精灵都使劲点头："没错，你怎么知道的？我们正想告诉神农呢。我们只知道他们是妖怪，浑身都是难闻的妖气，可是我们发现的时候，他们已经跳进泉眼了！"

哼，果然不出所料，小猪屏蓬跃跃欲试，想要钻进泉眼里去追捕，我一把拉住他："不行，这个泉眼太小，我们完全不了解里面的情况，万一瘟兽在里面设下陷阱怎么办？"

正在我们左右为难的时候，泉眼里突然发出一声巨响，紧接着冒出一股巨大的水花，巨大的水花把我们所有人都淋湿了。四只瘟兽狼狈地从泉眼里跳了出来，一个个气喘吁吁，全都受了伤。蜇伤得最重，趴在地上吐了口黑血。

神农和沉香树人跑过去把他们包围起来。这时，我们眼前闪过几道金光，泉眼里跳出来好几个武士，他们穿着盔甲，手持武器。一看他们的脸，我们全都吓了一跳，因为他们有的长着鱼的脑袋，有的长着龙虾的脑袋，还有的长着章鱼的脑袋，中间一个最高大的武士竟然长着龙头！

小猪屏蓬指着武士问道："你是南海龙王吗？"

龙头武士摇摇头："龙王怎么可能亲自捉这几个小妖怪！我

是负责在南海巡逻的将领，发现这几个家伙鬼鬼祟祟地想从泉眼潜入龙宫，就一路追着他们跑到了这里。你们又是什么人？"

小猪屏蓬晃了晃手里的九齿钉耙，脸不变色心不跳地说："我是猪战神。我奉西王母之命来抓四只瘟兽，现在这几个坏蛋就交给我，你们回去继续巡逻吧！"

几个海里来的巡逻兵你看看我，我看看你，又仔细打量了半天面前的这只猪。龙头将军见我们身上都有仙灵之气，就点点头说："也好，这里已经不是我们管辖（xiá）的区域了，这几个妖怪就交给你们吧！"说完，他们就化作几道金光钻回了泉眼里。

小猪屏蓬欢呼一声："神农快点封印他们！"

可是我们发现，四只瘟兽已经变成了石头。好一个金蝉脱壳之计，趁着我们说话的工夫，瘟兽再次逃跑了。

不过，有一群沉香精灵和树人加入我们的植物精灵军团，也算没有白忙一场。

第二十回

分界岛瘟兽召闻獜（lín）
榄仁树解围用奇袭

　　我们追踪瘟兽的妖气，发现四只瘟兽正一路向海南岛的东南沿海方向逃窜。小猪屏蓬坐在小祥云上一边飞一边往嘴里塞猫粮，嚼得咔咔响。猫粮是小猪屏蓬在家时最喜欢吃的东西，离开家好久了，刚才路过一家超市采购食物，小猪屏蓬非要买一袋猫粮吃。

　　狐翎拿着我的昆仑镜忽然叫了起来："师父，瘟兽们下海了，他们的目标好像是**分界洲岛**。"

　　小猪屏蓬好奇地问："分界洲岛？好奇怪的名字啊……"

　　狐翎为我们解释道："海南岛东线高速公路上有座叫牛岭的大山，分界洲岛远古时期和牛岭是连成一体的，后来因为地质变化，海面上升，把分界洲岛从牛岭分隔开了。牛岭－分界洲岛这条线是海南岛气候的重要分水岭，所以这座岛才叫分界洲岛。"

景区知识卡：分界洲岛

分界洲岛位于海南省陵水黎族自治县，在海南岛的东南海面，距海南岛最近海岸约 2 千米。小岛呈东北向西南分布，远看像横卧在蓝色大海中的马鞍，故俗称马鞍岭；也有人说它像一位静卧在海面的美女，所以又叫美女岛。

狐翎话音刚落，小猪屏蓬忽然指着背面叫道："快看，北边下大雨了！"

我们从半空中看得一清二楚，牛岭的北面突然下起了瓢泼大雨；但是牛岭的南面竟然阳光灿烂，一滴雨水都没有。我们只好向南兜了个圈子避开大雨。

神农惊讶地说："这天气太奇怪了，是不是瘟兽搞的鬼？"

狐翎摇摇头说："不是，大雨里没有一丝妖气。这就是海南岛特有的气候特点，刚才说了，牛岭 - 分界洲岛是海南岛的气候分界线。咱们现在看到的，就是夏季才会出现的'牛头下雨，牛尾晴'的奇观。"

话音刚落，天空中忽然狂风大作，小猪屏蓬手里的一袋子猫粮嗖的一声就飞走了。小猪屏蓬惊叫一声"不要啊！"，就追着那袋猫粮飞出去了。

我们担心小猪屏蓬出事，赶紧去追他。可是没想到，风越刮越大，我们几个人好像煮饺子一样，噼里啪啦地掉进了海里。说来奇怪，我们一掉进海里，大风就停了。

我握紧了手里的桃木剑，庆幸刚才被大风刮下来的时候没有弄丢它。桃木剑现在就像救生圈一样托起我的身体。

小猪屏蓬气得哇哇大叫："我的猫粮才吃了一半就没了，肯定是瘟兽搞的鬼！他们绝对召唤新的帮手了，猪战神记得他们不会制造这么大的风啊！"

海岸上忽然传来了蜚的声音："哈哈！本瘟神特意为你们制造了一个禁飞区，我看你们还怎么飞！"

我们顺着声音一看，只见瘟兽合体的独眼巨人站在岸边，手里牵着一头野猪，野猪白头白尾黄色身体。我不禁脱口而出："闻獜？"

狐翎叫道："怪不得刚才狂风大作，因为闻獜一出现，就会刮大风。糟了，瘟兽要是把闻獜炼化了，那他们以后就又多了一个厉害的妖术……"

我们刚准备冲回岸上去收拾瘟兽，就看到独眼巨人和闻獜的背后出现了好几个树人，那些树人突然对瘟兽发起了攻击。独眼巨人没有想到会被袭击，慌忙化作一团混着黑烟的牛虻，带着闻獜一起朝分界洲岛方向飞去。

一个头上长着一堆"枇杷果"的小精灵从树冠里探出头来喊道："神农大神，我是**榄仁树**精灵，我要加入你的植物精灵军团！"

植物知识卡：榄仁树

榄仁树是一种高可达 15 米的大乔木，树冠宽大像一把伞，树叶和果实都和枇杷果相似，所以又被称为山枇杷树。榄仁树的根能深深扎进土里，有很强的防风性；木材可以用于制作舟船；种子油可以食用；树皮能用于提取黑色的染料；树皮和树叶还可药用，味微涩，性平，有化痰止咳的功效。

神农开心地招招手说："我们先去岛上捉拿瘟兽，你在这里等我们回来！"

榄仁树精灵点点头，站在海边看着我们。大家赶紧从海面起飞，去追瘟兽，没想到刚飞起来，一股大风再次把我们吹进了海里。

蜚的声音在半空回荡："有闻獜的大风术，你们休想飞过来，慢慢游泳过来吧，哈哈哈！"

我们气得火冒三丈。狐翎忽然指着不远处的海面说道："快看，那边有条小船，咱们快点抓住它。我们没法飞过去，那就划船去分界洲岛。"

不远的海面上果然有一条没有人的木船，可能是大风把系在岸边的缆绳吹断了，小船自己漂到了海上，还有一截缆绳垂在海水里。

小猪屏蓬飞快地游了过去，爬到了船上："哎呀，只剩下一支船桨了，不过这难不倒猪战神。"

小猪屏蓬把自己的小钉耙变成了一支船桨，然后飞快地朝我们划了过来。我们一起爬上了船。神农嘴里嘀咕着："做好战斗准备，要是有瘟兽攻击咱们的小船，我就用青铜药鼎砸死他。"

狐翎吓得赶紧拦住："千万不要！神农大神，你的青铜药鼎太重了，如果现在召唤出来，咱们的船就直接被压沉了！"

神农尴尬地挠挠脑袋："嘿嘿，我没想到这一点，还好你提醒得及时。小猪屏蓬你休息会儿，我来划船吧。"

小猪屏蓬马上毫不客气地站起来说："好啊，你来划船，猪战神下去抓几条鱼，咱们上岸就可以吃烤鱼了！"

我赶紧拦住小猪屏蓬："不许下水，万一海里有瘟兽怎么办？还是要小心点！"

小猪屏蓬郁闷地坐在船边生闷气，嘴里唠叨着："丢了猫粮又掉进海里，还不许捞鱼，这也太无聊了……"

刚说完，我们就觉得船底下传来了一阵诡异的声音："砰砰！砰砰！"

我们全都惊得站了起来，这不像是船撞在礁石上的声音，好像是有什么活的东西在敲打船底。

第二十一回

黑魔鬼惊悚恶作剧
四瘟兽化身独眼鲨

小猪屏蓬自告奋勇："猪战神要下海去看看是什么妖怪敢给我们捣乱！"

狐翎一把拉住他："没弄清情况前不要下水！"

虽然神农很勇猛，但是在水下战斗他也没有把握。小猪屏蓬和狐翎经常说我的前世是他们的师父，我们三个都吃过沙棠果，掉进水里也淹不死，但是我的水性一直不好，我不知道在转世以后沙棠果是不是还管用，所以我也不敢下水。

我的脑子飞快地运转，直觉告诉我，这似乎不是瘟兽在捣乱。如果瘟兽在船底下，我们是不可能感受不到妖气的。忽然，拍打船底的声音停了下来，我们船头那根垂进水里的缆绳动了。船头的海水突然涌动，绳索被水下的什么东西猛然拉得笔直，我们的小船就像离弦的箭一样蹿了出去。

"啊！"所有人同时发出一声惊叫，因为船启动得太快，我们全都摔倒在船舱里。神农那个大块头压在我的身上，差点把我的肋骨压断了……

大家扶着船舷坐起来。小猪屏蓬着急地喊道："猪战神必须下水了，我倒要看看是什么妖怪在耍我们！"

我赶紧喊道："不用下去！我已经知道这是什么东西了！它是一种海洋生物，不是妖怪……"

　　话音刚落，水下蹿出一个庞然大物。它的身体又大又薄，好像一只巨大的风筝。这个庞然大物用嘴巴咬住我们的绳子，把小船拉得飞快前进。它还时不时地跳出水面，拍起的浪花溅得我们满身是水。

　　狐翎、小猪屏蓬和神农都没有见过这种动物。我哈哈大笑说道："这家伙叫魔鬼鱼，学名是蝠（fú）鲼（fèn）。别看他后背长得吓人，但肚皮下的嘴巴和鱼鳃像一个小笑脸，特别卡通。这家伙并不是凶猛的猎食者，性格很温顺，就是喜欢恶作剧，拍打船底、拖走小船，都是它和人类在做游戏而已。"

　　狐翎、小猪屏蓬和神农都松了口气。小猪屏蓬大声喊道："魔鬼鱼，快把我们拉到分界洲岛上去，我把猫粮分你一半……呃，我的猫粮丢了。晓东叔叔，你乾坤圈里还有什么好吃的，多拿点出来！"

　　知道魔鬼鱼原来不过是个顽皮的捣蛋鬼，小猪屏蓬和狐翎都兴奋起来，都想下海去看看。我用昆仑镜侦察了一下海底，发现这片海水清澈透亮，是分界洲岛的观光潜水区域，加上现在海面风平浪静，就同意他们下水玩一会儿。小猪屏蓬和狐翎一声欢呼，扑通扑通两声就跳进了大海里。我和神农趴在船舷上看着他们两个好像大鱼一样在海里游来游去，玩得挺开心。

我们很快就到了浅滩，这里有珊瑚礁。小猪屏蓬发现了一种名叫圣诞树管虫的小生物，它们五颜六色，有着螺旋形的身体，环境稍有变化，它们就缩回到坚硬的珊瑚里，等危险过去了，它们就又出来了。小猪屏蓬和狐翎用手指捅那些圣诞树管虫，玩得好开心。

忽然，神农警觉地坐直了身体，指着远处的海面喊道："有鲨鱼！"

这一声喊吓得我从船上跳了起来，也顾不上自己游泳很差劲了，扑通一声跳进水里——因为我相信桃木剑会带着我在水下飞行，桃木剑果然带着我向小猪屏蓬和狐翎冲去。在水下不能喊叫，我只能拼命引起他们注意。狐翎先反应过来，我对着她拼命指向鲨鱼的方向，狐翎大吃一惊，赶紧拉起小猪屏蓬就往船边游。

眼看鲨鱼冲过来了，对着我们张开了大嘴，小猪屏蓬立马掏出九齿钉耙，耙子一下变得老长老大，顶在鲨鱼的大嘴中。我们这才发现，这条鲨鱼只有一只眼睛，满眼都是红血丝，浑身散发着妖气——这分明就是四大瘟兽合体的变身！

狐翎飞快地默念乾坤大挪移咒语，把我们三个瞬间带回了小船上。小猪屏蓬着急地大喊："魔鬼鱼，快游啊，甩掉大鲨鱼！"

魔鬼鱼好像听懂了我们的话，咬住缆绳，突然加速，拉着我们的小船向分界洲岛的岸边游去。独眼大鲨鱼紧追不舍，好几次差点就咬住蝠鲼的尾巴了。小猪屏蓬把自己的钉耙变成了弓箭，不停射击大鲨鱼。狐翎也拼命喊着："蝠鲼加油啊！"

眼看我们的船就要游到岸边，蝠鲼竟然直接冲上了沙滩，我们的小船也跟着冲到了沙滩上！这下独眼鲨鱼傻眼了，因为他游不上岸。

狐翎担心地说："蝠鲼受伤了吗？"

我安慰狐翎："不用担心，这是蝠鲼在大自然里的保命绝招，他在沙滩上趴一会儿不会干死的，等鲨鱼离开，他就会回到大海。"

小猪屏蓬、狐翎和神农都为蝠鲼鼓起掌来。忽然，海边传来打斗的声音，我回头一看，十几个高大的榄仁树树人战士从海里走了上来，对着独眼鲨鱼就是一顿拳打脚踢。我们听见榄仁树精灵喊道："你这个坏蛋竟敢偷袭神农，看我们不打死你！"

　　小猪屏蓬两个下巴都惊掉了："榄仁树树人战士怎么过来的？难道是自己游过来的吗？"

　　狐翎兴奋地说："看样子是！据说榄仁树可以用来做木船，浮力特别好，所以他们在小精灵的指挥下游过来也是可能的！"

　　忽然，独眼鲨鱼咬住了一个树人的胳膊，另一个树人低下头，噗的一声吐出一大口墨汁，把独眼鲨鱼的眼给封住了。这下鲨鱼什么也看不见了，被树人们打得不停翻滚。小猪屏蓬举着钉耙就冲过去，独眼鲨鱼赶紧化作一团妖气逃走了。

第二十二回

四瘟兽诡计夺鬼斧
水椰子狂甩流星锤

没想到榄仁树树人战士还会喷墨汁！后来我们一问才知道，原来榄仁树的树皮可以用来提炼黑色染料。榄仁树可真是植物界的一个奇才啊！

小猪屏蓬称赞道："虽然榄仁树的谐音是'懒人树'，但猪战神看这些树人和精灵一点也不懒！"

神农把榄仁树精灵和树人收进了《神农本草经》。我们告别了蝠鲼，向着分界洲岛的内部进发。现在我们对四只瘟兽的妖气越来越熟悉了，短距离不用昆仑镜也完全可以找到。小猪屏蓬扬着两个猪鼻子东闻西嗅，很快就带着我们朝一个方向飞去。

狐翎坐在毕方鸟的背上翻看资料，她忽然喊道："我知道了！瘟兽的目标肯定是'鬼斧神工'景点的那把神斧。据说从前山洪暴发，浑浊的河水流进大海，把海水也弄得浑浊了。南海龙王觉得自己的生活受到了干扰，就去求助玉帝。玉帝也担心整个大海从此以后都变浑浊，所以决心把河堵上。他领着一头神牛，带着一把鬼斧就下凡了。玉帝劈下五指山的东南一角，神牛拖着劈下的山岭一路前行，前往陵水河去堵河口。据说神牛变成了现在的牛岭，劈下来的山岭变成了分界洲岛，而这把鬼斧，也遗留在了分界洲岛。"

小猪屏蓬大吃一惊："瘟兽合体变成的独眼巨人一直没有兵器，赤手空拳搏斗，他肯定打不过咱们的树人战士。可是如果瘟兽偷走了这把神斧，树人战士可就危险了。"

神农着急了："绝对不能让瘟兽得到这把神斧！"

我们不约而同地加快了速度，很快就赶到了"鬼斧神工"景点。看到那把大斧子还在，大家都松了一口气。这把神斧的个头实在惊人，斧柄像一棵树那么粗，多半个圆桌面那么大的头部嵌在一块巨石上。

小猪屏蓬四只眼睛盯着大斧子说道："好家伙，这斧子也太大了吧！"他手里捻（niǎn）着一根猪毛，不知道在打什么主意。

神农挠挠脑袋："确实太大了。如果这把斧子落到瘟兽手里，我还真没把握打得过；如果用药鼎格挡，我都担心把我的青铜鼎砸坏了……"

话音刚落,我们就听到背后传来了跂踵的声音:"倒霉光环!"

我的心里咯噔一下,想躲避已经来不及了。我们四个人,连同毕方鸟的头上都被套上了倒霉光环。我觉得头晕眼花,连站都站不稳,想逃跑却感觉随时都要摔倒。瘟兽的功力大涨,以前我们也被倒霉光环击中过,但是威力绝对没有这么大。

只听嗡的一声响,瘟兽合体的独眼巨人出现了,他发出了蜚的哈哈大笑声:"就知道你们这几个傻瓜会上当,不把你们装进陷阱里,就算我们拿到了神斧,你们也得捣乱。不如趁机把你们捉住,然后彻底解决问题!"

狐翎着急地说:"神农快召唤树人啊!"

神农有气无力地说:"我现在一点儿仙灵之力都用不了……"

独眼巨人的嘴里又发出了絜钩的公鸭嗓:"神农,你也有今天!你把我和跂踵封印在药鼎里,害得我们两个只剩下魂魄,差点就灰飞烟灭了,多亏猴用再生能力帮我们复原。今天就是我们报仇的日子!"

独眼巨人走向神斧,一下就把神斧从巨石里拔了出来,走到我们四个面前。长满獠(liáo)牙的大嘴里轮流发出几只瘟兽的声音,蜚得意地坏笑:"嘿嘿,该先劈死哪一个呢?"

絜钩说："先劈死神农，他有好多植物精灵，劈死他树人就出不来了！"

猴喊道："先劈死那只猪，他放的屁最臭了！"

独眼巨人突然举起神斧瞄准小猪屏蓬，只听蜚说："好！就先干掉这只猪！"

大斧子唰的一声落了下来，直接把小猪屏蓬劈成了两半，每个半片身体都有一个完整的猪脑袋。我眼前一黑，差点昏过去。可是被劈开的小猪屏蓬竟然嘿嘿一笑，两个半片的身体各自长出了身体的另一半，变成了两个小猪屏蓬！

这下独眼巨人傻眼了，他怪叫一声，连续两斧子砍下去，又把两个小猪屏蓬分别砍成两半，结果四个半片的小猪屏蓬又变成了四个完整的小猪屏蓬！

这分明是小猪屏蓬的分身术！我突然想起来，刚见到大斧子的时候，小猪屏蓬就拿着猪毛在用分身术了。多亏这家伙早做准备，我估计他的真身肯定在准备偷袭独眼巨人了。果然，独眼巨人的身后突然出现了小猪屏蓬的真身，他举着九齿钉耙狠狠地砸在了独眼巨人的后背上。

"啊！"独眼巨人发出一声惨叫，转身想要砍小猪屏蓬，却怎么都砍不着。

　　这时旁边传来一声大喊："神农不要慌，我来救你们了！"

　　半空中飞来了一个大的流星锤，砰的一声打在了独眼巨人的脑袋上，砸得独眼巨人眼冒金星，站都站不稳了。紧接着，砰砰砰又是几声巨响，巨大的流星锤接二连三地砸了过来，每一下都准确地命中了独眼巨人的脑袋。

　　独眼巨人的大斧子哐当一声掉在地上，他的身体瞬间解

体，变成妖气落荒而逃了。

瘟兽一逃跑，倒霉光环的作用瞬间消失，我们全都跳了起来。这时，一个高大的树人朝我们走过来。这个树人根部长着好多榴莲一样的果实，果实上面长满了尖锐的棱角。树人的手上还提着两个巨大的果实，像流星锤一样。树冠里有个植物小精灵，满脸兴奋地对我们招手："你们好，我是**水椰**精灵！我也要加入神农的植物精灵军团！"

植物知识卡：水椰

水椰是一种大型的丛生棕榈植物。水椰根茎粗壮，叶片像羽毛，粗而坚硬；果实长在根部，露出水面；成熟的果实又大又重，还很坚硬，像一个个流星锤。水椰有较高的经济价值，嫩果可以食用；花序汁液可用来制糖、酿酒、制醋；叶子可用来盖屋，也可用来编织篮子等。

神农开心地迎上去。小猪屏蓬却一屁股坐在地上，捡起砸碎的巨大果实吃了起来："好吃好吃！味道像荔枝，口感像果冻，你们也尝尝吧！"

第二十三回

四瘟兽欲夺定海珍
蝴蝶树判笔斗瘟兽

神农把神斧放回原处，又加了一层结界保护后，我们继续追击四只瘟兽。小猪屏蓬着急地喊道："等等我，地上的水椰子还没吃完，多浪费啊！"

我赶紧把小猪屏蓬和水椰子都收进了乾坤圈里，然后和神农、狐翎一起追踪逃跑的瘟兽。路上我们经过了一个景点，狐翎说叫大洞天。我惊呼一声："咱们刚到海南岛的时候，去的第二个景区就叫大小洞天，当时我还奇怪：为什么只有小洞天，没见着大洞天呢？原来大洞天在分界洲岛上。"

这时候，小猪屏蓬吃得心满意足，从乾坤圈里出来了。我们正好经过一个叫作"钱途无量"的景点，到处都是石头雕刻的各类钱币，小猪屏蓬这个财迷抱住一块石头就想搬走。

我赶紧喊道："屏蓬别乱动，据说'钱途无量'是一条福道，走过去就可以财源滚滚，你要是搬走一块，就把财运给破了。"

小猪屏蓬一听，这才满脸遗憾地松手，然后继续赶路。

狐翎一边飞行一边查看地图，她大声提醒："这分界洲岛上还有一件神器，就是定海神珍。瘟兽一定是去偷定海神珍了！"

小猪屏蓬大吃一惊："定海神珍？是不是孙悟空的金箍棒？"

狐翎摇摇头说："孙悟空的金箍棒是从东海龙王那里抢走的，这里是南海，肯定不是孙悟空的那一根，但也是一件宝贝。"

我们匆忙赶到了"定海神珍"，远远就看到一根 10 多米高的石柱，果然和孙悟空的金箍棒非常相似。不过这根定海神珍是花岗岩雕刻的，两头呈金色，底座雕刻的是海浪花纹，侧面还刻着几个字。我们很快就到了石柱下面，只见这几个字是"如意金箍棒"。

小猪屏蓬哈哈大笑："这不还是金箍棒吗？"

我也觉得哭笑不得，看来住在南海边上的人，希望南海也有一根金箍棒当定海神珍。不过现在这个定海神珍是不是金箍棒并不重要，重要的是瘟兽多半会把它偷走。忽然，骑在毕方鸟背上的狐翎喊了起来："那边瘟兽和树人打起来了！"

距离定海神珍不远的地方，瘟兽合体的独眼巨人正和一群"蝴蝶"战斗。不可思议的是，现在瘟兽合体竟然会飞了，他的背上长出两对巨大的翅膀，一对是絜钩的鸭子翅膀，一对是跂踵的猫头鹰翅膀。以前瘟兽合体之后，后背也会有翅膀，不过翅膀很小，根本飞不起来，但是现在独眼巨人能飞了！看来，瘟兽在不断地进化，真让人担心。

和独眼巨人对战的一群"蝴蝶"，翅膀如刀片，他们会像回旋镖一样旋转加速，然后嗖的一声在独眼巨人的身上划破一道口子。虽然独眼巨人不断发出惨叫，但这点伤对独眼巨人来说影响不大，只见他挥动着两只大手，不断把那些"蝴蝶"打飞。

独眼巨人的嘴里发出蚩的狂吼："讨厌的苍蝇，给我滚开！不要挡住我的路！"

独眼巨人的目标是定海神珍，眼看"蝴蝶"群就要拦不住他了，我们赶紧冲过去。独眼巨人看我们又追来了，便朝漫天飞舞的"蝴蝶"吹出了一口黑气，那些大"蝴蝶"噼里啪啦地掉落在地上，可见这黑气的毒性有多大。

眼看"蝴蝶"的攻势减缓，独眼巨人转身就要逃走。没想到，他的身后突然出现了一个高大的树人战士，树人战士手里握着一支木头雕刻的大毛笔，足有 4 米多长。树人战士大吼一声："妖怪，接受判官笔的审判吧！"

只听噗嗤一声响，树人战士端着好像长矛一样的判官笔从背后刺中了独眼巨人。

"啊！"独眼巨人发出一声惨叫，化作一团妖气逃之夭夭了。

树人的树冠里跳出一个植物小精灵，他对我们招手喊道："神农大神，我是**蝴蝶树**精灵！我这招追魂枪用得怎么样？"

植物知识卡：蝴蝶树

蝴蝶树是一种高可达 30 米的常绿乔木，树皮是灰褐色的，开白色的小花。因为蝴蝶树的果实较大，而且有长长的果翅，像蝴蝶的翅膀，一眼望去就像是有很多蝴蝶栖在树上，所以得名。蝴蝶树入药有清热解毒、健脾消积的功效。

神农竖起大拇指赞叹道："厉害！厉害！刚才那些'蝴蝶'，是你的花朵还是果实？"

蝴蝶树精灵得意地说："神农大神好眼力，那些'蝴蝶'是果实。我的果实有'果翅'，长得像蝴蝶，攻击敌人的时候虽然威力不大，但是可以吸引对手的注意力，然后我的偷袭就可以一击必中了！我这身手够不够资格加入你的植物精灵军团？"

想不到蝴蝶树精灵还是一个讲究战术技巧的战士，我们都给他鼓起掌来。神农连连点头："够资格，绝对够资格！"

小猪屏蓬好奇地问："蝴蝶树精灵，你的判官笔是哪儿来的?"

蝴蝶树精灵不好意思地说："旁边架子上拿的，和定海神珍相距不到 10 米。判官笔是分界洲岛上的一座石雕，寓意惩恶扬善，旁边还有石刻的日月神像守护。我的树人喜欢练武，每天夜深人静的时候，他们就从林子里出来，把判官笔当长枪练习，没想到今天真的派上了用场。"

小猪屏蓬拍着手说："好极了，你赶快带着判官笔加入神农的植物精灵军团吧！"

蝴蝶树精灵当然不会把判官笔带走，不过，我们都觉得，应该给蝴蝶树精灵打造一件类似的兵器，这样他的战斗力才能得到保证。

刚刚得到了使流星锤的水椰精灵，现在又得到了用判官笔的蝴蝶树精灵，植物精灵军团的实力越来越强了。

第二十四回

呀诺达偶遇夫妻榕
桄（guāng）榔（láng）果腐蚀刺猬精

我们从分界洲岛回到了海南岛本岛，没有了瘟兽利用闻獞制造的大风，我们可以直接飞回。这次瘟兽的落脚点是**呀诺达雨林文化旅游区**，在三亚市东北的保亭黎族苗族自治县内。我们从分界洲岛飞行了大约 60 千米，就到达了呀诺达景区。

狐翎拿着我的昆仑镜对大家通报："瘟兽的妖气出现在呀诺达的雨林谷。雨林谷的核心是展现原生态的热带雨林景观，那里有很多"根抱石"和绞杀植物，大家要特别小心，瘟兽们现在也会控制植物了。"

我们降落在两棵巨大的千年榕树下。这是两棵相依相偎的大榕树，它们的树根像个"八"字朝两边分开，树干已经

长在了一起，树下还有一个 2 米多高的洞，人可以从这个树洞穿过。这两棵合而为一的大榕树叫夫妻榕，是呀诺达的一个著名景点。

🟡 景区知识卡：呀诺达雨林文化旅游区 🟡

　　呀诺达雨林文化旅游区位于海南省保亭黎族苗族自治县，总面积 45 平方千米。"呀诺达"是形声词，在海南本土方言中表示一、二、三，在呀诺达景区，则是欢迎游客的意思。呀诺达雨林文化旅游区主要由雨林谷、梦幻谷、三道谷等景观组成。

　　我们降落在大榕树不远处。小猪屏蓬看看左右没人，就悄悄对我们说："我先去侦察一下，看看这大榕树有没有被瘟兽控制，你们见机行事！"

　　说完，小猪屏蓬就扭着屁股跑到了树下。我们都哭笑不得地看着他表演，没想到他竟然念起了神农的召唤咒："北斗七元，神气统天，天罡大圣，威光万千。精灵现身！"

　　咒语念完，大榕树的树洞里竟真的出现了两个植物精灵，一个长得像老爷爷，一个长得像老奶奶，他们的个头都只有小猫那么大。

小猪屏蓬赶紧挺挺胸脯说道："榕树精灵，我是神农，你们看到四只瘟兽没有？"

老奶奶噗嗤一声就笑了："小猪娃，你下次冒充神农的时候，好歹变成牛头再说话。我们再孤陋寡（guǎ）闻，也知道神农长了个牛脑袋。"

小猪屏蓬脸不变色心不跳地说："我最近觉得牛头没有创新，所以才特意变了两个猪头的，这样更帅一点。"

老爷爷说："四只瘟兽确实来过，他们想控制我们，但是失败了。我们俩年纪大了，没能力抓住他们，你还是赶紧去追他们吧，他们已经跑到雨林谷的野生桄榔保护区了。"

听到这里，我们赶紧跑过去向榕树精灵爷爷和榕树精灵奶奶道谢。他们的样子显然不适合跟我们去战斗，而且雨林谷也只有这一对**千年夫妻榕**，神农肯定不能把他们带走。我们拉着小猪屏蓬就往雨林谷的野生桄榔保护区飞奔。

小猪屏蓬问我："晓东叔叔，**桄榔**是什么东西？蟑螂的亲戚吗？"

我被他气得险些岔气："别胡说，桄榔是一种树。不出意外的话，在野生桄榔保护区，咱们肯定能找到桄榔树精灵。"

植物知识卡：千年夫妻榕

千年夫妻榕是两棵合体黄葛榕，是一种绞杀植物，也是呀诺达景区著名的景观。夫妻榕树根呈"八"字形，形状像板墙，向四周延展开去，树底有一道"树门"，约2米高，游人可以通过；又因榕树的"榕"和"龙"读音相近，俗称"龙门"。

植物知识卡：桄榔

桄榔是棕榈科桄榔属乔木，高可达10米，叶片像羽毛一样全裂开，花从上往下生长，最下部的果实成熟时，植株就会死亡。花序的汁液可制糖、酿酒；幼嫩的种子胚乳可用糖煮成蜜饯（jiàn），不过需要注意的是，桄榔果肉的汁液具有极强的刺激性与腐蚀性，在取出种子的过程中，务必谨慎操作；幼嫩的茎尖可作蔬菜食用；叶片包围着茎的部分纤维强韧、耐湿、耐腐，可用来制绳缆。

神农问道："野生桄榔保护区有什么神器或者宝贝吗？瘟

兽为什么会跑到那儿去？"

狐翎回答说："那里没有神器，不过有很强的仙灵之气。桄榔虽然是一种野生树种，但是能开花结果，十分茂盛。所以，瘟兽肯定是被雨林谷这片保护区的仙灵之气吸引而去的。不过，我觉得他们要倒霉了，因为桄榔可是个厉害的角色，咱们可以看好戏了。"

小猪屏蓬听了兴奋起来："咱们用个隐身术近距离偷看吧。天地之气，聚于我身，予我仙灵，隐我身形。急急如律令！"

我们四个人和毕方鸟一起隐身，然后追踪着瘟兽的妖气，朝着野生桄榔保护区的深处走去。很快，我们就进入了一片战场，只见一群10米多高的树人战士把一只巨大的怪物包围了。

小猪屏蓬惊呼一声："这是瘟兽合体的新变身吗？比牛还大的刺猬精！"

以前的瘟兽合体，都是以蚩的形态为主，是个长翅膀的独眼牛头巨人。在分界洲岛的时候，蚩受伤很重，现在看来是变成了以猴为主的合体形态。这家伙个头更矮、更壮，能直立起来行走，脑袋非常小，塌鼻梁，獠牙嘴，一对特别小的红眼睛贼溜溜地四处张望，从头顶到脚后跟长满了尖锐的红色长刺，看起来就很危险。

周围的桄榔树人都长着一根根羽毛一样的巨大树叶，在树叶和树干结合的位置，还有一串串墨绿色的果实。小猪屏蓬吸溜着口水说："好多果子啊，一会儿打完仗，猪战神一定要好好尝尝！"

狐翎嘿嘿坏笑："就怕一会儿让你吃你都不敢吃！"

小猪屏蓬还没来得及问个究竟，就听见"大刺猬精"怪叫一声，朝着两棵桄榔树之间的空隙冲了过去。一个桄榔树树人一脚就把他踢了回去，可是树人大叫一声，腿上被扎了好几根尖刺。

一个头上长着羽毛树叶的小精灵大喊："开火！"

嗖嗖嗖——无数桄榔果好像冰雹一样噼里啪啦地向"大刺猬精"砸去。"大刺猬精"缩成了一个刺球，把所有打中自己的果实都挡住了，每一根尖刺上都穿了一串桄榔果。果汁开始顺着尖刺流到"大刺猬精"的皮肤上。只听一阵让人头皮发麻的吱吱声响，"大刺猬精"的身上开始冒起了白烟，一根根尖刺都烂掉了，"大刺猬精"发出了一声声惨叫声。

狐翎开心地跳了起来："哈哈哈，瘟兽肯定想不到，桄榔果的汁液有很强的刺激性和腐蚀性，这下他们可吃到苦头了！"

小猪屏蓬吓得一哆嗦："得亏猪战神没有乱吃果子，这桃榔果要是吃下去，连肠子都得烂掉了……"

"大刺猬精"被果汁腐蚀成了一摊烂泥，就连那些可怕的尖刺都被烧得残缺不全，最后他化作一股黑色的妖气无声无息地逃走了。我们赶紧现出原形，迎接植物精灵军团的新队友。

第二十五回

巨榕树包围梦幻谷
夫妻榕唤醒垂叶榕

　　神农和桄榔精灵交谈之后我们才知道，桄榔虽然长得很高大，但是在最下面的果实成熟时，植株就会死亡，桄榔树人也是一样。桄榔树人的战斗力实在太强了，神农把几个桄榔精灵和一大堆桄榔果收进了《神农本草经》，我们再次踏上了围剿瘟兽的征途。

　　跟着昆仑镜的指引，我们来到了呀诺达旅游区的**梦幻谷**。

　　在梦幻谷栈道上可观瀑布，听让人心旷神怡的流水声和清脆悦耳的小鸟叫声。山谷里到处都是巨石和高大壮硕的**垂叶榕**，树冠里黄色的果实好像熟透的杏子，不断有小鸟飞来吃果子。

景区知识卡：梦幻谷

梦幻谷是热带雨林中沟谷瀑布的极品代表，位于落差200米的热带雨林沟谷中，有迎宾瀑布、天门瀑布、连恩瀑布三个不同水位和不同落差的瀑布，与周围的水流、瀑布等景观共同构成一个令人心驰神往的梦幻地带。

植物知识卡：垂叶榕

垂叶榕是一种高可达20米的大乔木，树皮灰色、平滑。榕果成熟时呈红色或黄色。垂叶榕的气根、树皮、叶芽、枝叶、果实均可作药用，有清热解毒、祛风、凉血、滋阴润肺等功效。垂叶榕是一种绞杀植物，也是一种招鸟树种。鸟儿吞食其果子后，可把种子带到其他植物上，在其他植物上发芽、生长，根系沿所附植物枝干进入地下，渐渐将所附植物绞杀，因此垂叶榕有一个称号叫"雨林杀手"。

小猪屏蓬飞快地爬上一棵榕树，把熟透的果实摘下来，一边往嘴里塞，一边扔给我们："快点吃吧，这果子都熟透了，可真好吃！我看小鸟吃了榕树果都没事，肯定没有毒。"

我们也觉得这果子没问题，一路追杀瘟兽，都觉得又累又饿，便接住那些果子，在附近瀑布下的溪流里洗了洗，大口大口地吃起来。

小猪屏蓬抱着一大堆果子，摇摇晃晃地朝我们走过来，嘴里嘟囔着："猪战神好困，我要睡着了……"

说着，他扑通一声倒在地上，马上就开始打起呼噜来。我站起来想把小猪屏蓬拉到一个干燥些的地方睡，却觉得一阵天旋地转："糟糕了！我们是不是中毒了？"

再看狐翎和神农，竟然也摇摇晃晃地躺倒在地上，一副昏昏欲睡的样子。我忽然浑身都没有力气了，仰面朝天躺在地上。在昏睡过去的一瞬间，我看到了一只巨大的猫头鹰，正是跋踵。天哪！他怎么变得这么大了？我这才发现，原来山谷的上空有一个巨大的倒霉光环！

跋踵得意地喊道："你们一进入梦幻谷，就处在倒霉光环的控制下了。好好睡吧，一切都结束了，哈哈哈……"

唉，我们还是大意了，掉进了跋踵的陷阱。我现在全身都动不了，脑子昏昏沉沉好像做梦一样。但是我看到一群巨大的榕树树人摇摇晃晃地朝我们走过来，伸出一条条蟒蛇一样的藤蔓手臂把我们捆了起来。我着急地喊道："神农！快召唤树人战士们帮忙啊！"

跋踵得意地大笑："神农已经昏过去了，就算你们的植物精灵军团出来也没用了，我用倒霉光环控制的垂叶榕可是绞杀植物，你们的树人出来也是送死！"

"大刺猬精"猴也出现了，他咬牙切齿地说："你们用桃榔果子把我腐蚀成一摊烂泥，差点疼死我。不过我有超强的再生能力，已经完美复活了！现在，我也要让你们尝尝桃榔果子的味道！"

我吓得浑身直冒冷汗，想动却动不了。危急时刻，我忽然听到了两个熟悉的声音，好像是千年夫妻榕的精灵爷爷和精灵奶奶。

老爷爷说："你们这些坏孩子，怎么能听妖怪的指挥呢？"

老奶奶说："这些垂叶榕都被妖怪控制了。你们都赶快醒醒！"

梦幻谷里吹来一阵清凉的风，瞬间就把天空中的倒霉光环吹散了。那些捆绑我们的垂叶榕也松开了，转身冲向了四只瘟兽。我觉得脑子忽然清醒了很多，再看地上晕倒的小猪屏蓬、狐翎和神农，他们三个也都艰难地爬了起来。旁边站着一对顶天立地的大树，正是千年夫妻榕，他们来救我们了！

跋踵气得大叫："可恶的老太婆和老头子，跟四大瘟神作对你们会死得很惨的！我烧死你们！"

几团黑色妖火朝着千年夫妻榕飞了过去，不等妖火击中夫妻榕，一团更大的神火瞬间就把妖火吞掉了。狐翎、小猪屏蓬和神农一起开火了，神火、狐火、毕方火、药鼎、赭鞭、钉耙和乾坤圈全都朝四只瘟兽砸了过去。

四只瘟兽聚在一起，变成了一只巨大的独眼野鸭子。不用说，这又是一个新的瘟兽合体，主要控制者是絜钩。絜钩最强的法术是水法术，新的瘟兽合体把山谷里的瀑布变成了水龙卷，朝我们猛扑过来。

那些垂叶榕手拉手变成了一堵墙，为我们挡住了水龙卷。天空中突然飞来了一大群小鸟，齐心协力朝着瘟兽合体变成的独眼野鸭子拉屎。

小猪屏蓬叫道："好！快用鸟屎砸死他们！"鸟屎当然砸不死瘟兽，但是我们知道，这些鸟肯定不是随便拉屎的，这肯定是垂叶榕的绝技。果然，鸟屎落在独眼野鸭子的身上后，有植物迅速生根发芽，长出来无数棵小榕树，瞬间就把水龙卷里的水吸干了。独眼野鸭子身上长了无数棵沉重的垂叶榕，再也飞不动了，扑通一声就掉下来了，把地面砸出一个大坑。

狐翎惊讶地说："鸟屎里有垂叶榕的种子?！这招也太厉害了吧，怪不得垂叶榕叫'雨林杀手'。这鸟屎拉到谁身上，谁就会被垂叶榕勒死……"

瘟兽们知道自己毫无胜算，只好化作妖气逃走了。这一次，神农为了保留垂叶榕的杀招，把一群爱吃榕树果子的小鸟和几个垂叶榕树人一起收进了《神农本草经》。我们的植物精灵军团，再一次壮大了。

第二十六回

瘟兽猴召唤雷泽神
雷公笋助战三道谷

我们告别了千年夫妻榕，追着瘟兽来到了呀诺达的**三道谷**。这里比雨林谷和梦幻谷更加幽静，还有丰富的药材资源，神农高兴极了。

景点知识卡：三道谷

三道谷全长约 3 千米，水深约 30 米，整条峡谷由瀑布、奇石、巨树、龙潭和泻泉等景观组成，形成了 10 多个相互独立、各具特色但又互为一体的峡谷景观。峡谷中蕴藏着很多奇特的地质构造和极其丰富的药材资源。

狐翎有点担心地说："师父，我觉得四只瘟兽变着花样组合成怪兽，是他们实力增强的表现。现在跂踵有倒霉光环和火法术，絜钩有水法术，蜚掌握了闻獜的风，猴得到了再生的能力，真不知道他们会再增加什么法术。"

小猪屏蓬一边往嘴里塞私藏的榕树果，一边满不在乎地说："瘟兽要是不变强，那打起来多没意思啊，猪战神不喜欢做没有挑战的事情。"

狐翎生气地说："什么没有挑战？我看你是唯恐天下不乱！"

话音刚落，山谷的半空中传来一声霹雳，旁边的栈道上纷纷掉落很多沙石，吓了我们一跳。小猪屏蓬把手里的果子扔了，举起小钉耙大喝一声："什么妖怪在作祟？"

现在山谷的天气很好，突然出现一声雷响，肯定不寻常，我们都做好了战斗准备。只见半空中出现了一团云雾，上面站着一个人脸龙身的怪物。怪物的两只大手在肚子上拍了一下，马上又是轰隆一声雷响，伴随着雷声还有一道闪电，差点就劈中小猪屏蓬。

神农叫道："这是雷泽的雷神！他怎么会突然出现在这里？"

狐翎冷哼一声："哼，这还用说，肯定是瘟兽召唤来的！"

猴突然出现在旁边的栈道上，得意扬扬地大声喊道："不错，就是本瘟神把雷神召唤来的，你们赶紧受死吧！"

　　小猪屏蓬忽然哈哈大笑起来："我还当是谁呢，你就是那个肋骨被人家抽走当夔（kuí）牛鼓鼓槌（chuí）的雷神啊！话说你也是为黄帝战胜蚩尤做过贡献的，怎么能帮助妖怪呢？"

　　俗话说"骂人不揭短"，小猪屏蓬的话一下就戳中了雷神的痛处。作为一个神，肋骨被抽走当鼓槌，还被全世界都知道了，实在是一件丢人的事。雷神气得吹胡子瞪眼，使劲拍自己的大肚子，一道道闪电霹雳追着小猪屏蓬打了过来。

　　小猪屏蓬一边躲避一边大喊："神农！你不要站着看热闹，快点救命啊！"

　　小猪屏蓬成功吸引了雷神的火力，我们三个全都毫无压力了。长期的战斗让我们彼此之间形成了很强的默契，我毫不犹豫地跳上桃木剑，朝着栈道上的猴冲了过去。神农大手一挥，巨大的青铜药鼎带着风声砸向了半空中的雷神。狐翎的神火向藏身于半山腰看热闹的三个瘟兽飞去，把他们一下就烧了出来。

　　我转眼就飞到了栈道附近，吓得猴怪叫一声扭头就跑。我甩手扔出了乾坤圈："八方威神，洞罡太玄，斩妖除魔，杀鬼万千！"

　　砰的一声响，乾坤圈准确地命中了猴，打得他浑身的尖刺乱飞，惨叫着从栈道上掉落下去。

半空中的雷神反应还挺快，他闪身躲过了神农的攻击，不断变换位置，同时加快了拍打肚子的频率，一道道闪电好像冰雹一样掉落，我们四个瞬间感觉到了巨大的压力。

毕竟包括神农在内，我们几个人的法术都远远没有恢复到在《山海经》世界里的水平，所以现在对付这个雷神实在有点困难。就在我们狼狈地到处躲闪的时候，河边跳起一个长得像竹笋的小精灵，他对我们大声喊道："神农不要慌，**雷公笋**精灵来帮忙了！"

植物知识卡：雷公笋

雷公笋的学名叫闭鞘（qiào）姜，亦称水莲花，是海南特有的野生多年生草本植物，植株高 1~3 米。又因为它的嫩茎像笋，在风雨雷电交加的天气长得更好，海南人叫它雷公笋。雷公笋可作药用，根茎和种子有利尿、消肿、拔毒等功效。

雷公笋？这个名字有意思！我还没反应过来，就看到地面突然冒出来一大片茎部像笋的植物，雷神召唤的雷电越是

密集，这些植物就长得越快。一根根雷公笋把雷电的能量全吸收了。

这个场景，把雷神都看呆了，一时间忘了拍自己的肚子。神农最先反应过来，青铜药鼎再次飞上半空，砰的一声就砸中了雷神的脑袋。雷神连惨叫都没来得及发出就掉落在地。

看到雷神被击落，我赶紧大声喊着冲过去："不要让瘟兽抢走雷神！"

可我们还是晚了一步，雷神的身体下面突然出现一个大坑，好像地面突然出现了一张怪物的大嘴，一口就把雷神吞了下去。不用说，这肯定是猴那个坏蛋干的。完了，雷神被瘟兽抢走，多半会被他们炼化，雷神的法力也会变成瘟兽的新法术。

瘟兽全都逃跑了，我们四个人重新聚集在一起，欢迎新来的伙伴——雷公笋。

神农把这个得力的植物战士收进了《神农本草经》。我们重整旗鼓，继续追击瘟兽。

第二十七回

槟榔谷守护龙被王
槟榔树请吃槟榔果

我们追踪瘟兽的妖气，来到了一个新的景区——**槟榔谷黎苗文化旅游区**，在呀诺达南边十几千米的位置。

景区知识卡：槟榔谷黎苗文化旅游区

槟榔谷黎苗文化旅游区位于保亭县和三亚市交界的甘什岭自然保护区境内，是中国首家民族文化型国家 5A 级旅游景区。槟榔谷有非遗村、甘什黎村、雨林苗寨、梦想田园四个精彩的旅游景点。景区内还展示了 10 项国家级非物质文化遗产，其中黎族传统纺染织绣技艺被联合国教科文组织列入《人类非物质文化遗产代表作名录》。

小猪屏蓬听到槟榔谷的名字，又展开了联想："槟榔听起来很好吃，槟榔谷里是不是长满了槟榔果？"

狐翎笑了："就知道你会这么说。槟榔谷确实是因为长了很多**槟榔**树才得名的，而且槟榔树也确实会结出一串串好看的槟榔果。不过，槟榔果是一种药材，用对了可以杀虫、通肠胃，但如果当作果子吃，就会导致口腔癌，槟榔果可是一级致癌物。"

植物知识卡：槟榔

　　槟榔是一种常绿乔木，高可达 30 米。槟榔果性温、味辛苦，是重要的中药材，入药有杀虫、促进肠胃通畅、消除水积肿胀等功效。有些人喜欢把槟榔果当作口香糖嚼着吃，但嚼槟榔可是个危险的习惯，因为槟榔果是世界卫生组织国际癌症研究机构致癌物清单里的 1 类致癌物。槟榔果里的槟榔碱会让人产生幻觉，非常危险，所以千万不能把槟榔当作口香糖吃。

小猪屏蓬听了，惊讶地问："这么可怕？那为什么有人还要吃呢？"

狐翎回答："因为嚼槟榔果会让人上瘾，一旦养成习惯，很难戒掉。每年都有一些人因为吃槟榔果得口腔癌要做手术，有的人连舌头都要被切掉。"

小猪屏蓬吓得捂住了自己的两张嘴："到了槟榔谷，你们赶紧告诉我哪些是槟榔树，我保证一颗槟榔果子也不吃！"

说话间，我们已经飞到了槟榔谷。我们首先来到了非遗村，这里展示了黎族几千年来的文化传承。黎族只有语言没有文字，黎锦就相当于黎族的文字，承载着黎族的文化。

非遗村人气很旺，我们在这里看到了当地特色的小展馆，有无纺馆、龙被馆、棉纺馆、麻纺馆、黎锦馆等，展示的都是一些用少数民族传统工艺制作的精美纺织品。

我们躲在一个隐蔽的位置仔细观察周围的动向，小猪屏蓬东张西望地问道："这么多展馆，你们说瘟兽会盯上哪一个呢？"

狐翎想了想回答："这些纺织品中，龙被织锦的工艺难、品味高，我觉得龙被最容易被瘟兽盯上。"

小猪屏蓬转着四只眼睛问道："龙被是什么？给龙盖的被子？不对，龙都住在水里，不用被子，那就是给皇帝盖的被子。中国古代的皇帝都说自己是真龙天子，所以他们盖的被子就是龙被！"

我被小猪屏蓬逗笑了："龙被虽然有个'被'字，却不是你想象的皇帝睡觉盖的被子。它是一种有精美图案的黎族织锦工艺品。据说黎族的先民从春秋战国时期就掌握了棉纺织技术，汉武帝时期，海南布匹就被当作贡品征调。龙被因为特殊的地位，还是祭祀仪式上用的圣物。"

我们聊得热闹，忽然听到下面有人惊慌地喊了起来："不好了，'龙被王'被偷走了，快抓小偷啊！"

我们大吃一惊，龙被王又是什么？狐翎反应最快："我想起来了，龙被王是龙被馆镇馆之宝，有几百年历史了，长度超过2.8米，宽度接近1.3米，是世界上最大的黎族龙被，所以被叫作龙被王。"

我冷静地说道："小偷多半是瘟兽变的。狐翎快开天眼找到可疑的人，然后咱们几个人用隐身术，跟踪瘟兽到僻静的地方，把龙被王抢回来！"

"好！"三个伙伴齐声答应。狐翎飞快念起了开天眼的咒语：

"元皇正气，来合我身，雷门十二，开指生光。天眼开！"

我们四个人同时眼睛一亮，可以看清山谷里每一个移动的目标，就连树丛里的蜜蜂和地面上的蚂蚁都看得一清二楚。

很快，神农就指着一个从人群里向远处树林快速行走的背影说道："看，那个大块头身上有妖气，怀里好像还揣着东西，肯定是瘟兽变的！"

狐翎眼珠一转："追上去距离太远了，我有个好主意，我用移形换位术把他换过来，你们三个一起抓住他！"

狐翎不愧是有聪明毛的九尾狐，这个主意太妙了。我们三个马上做好准备，把狐翎包围起来，狐翎已经飞快念起了咒语："上天下地，断绝邪源，乘云而升，穿水入烟。移形换位术！"下一秒，狐翎所站的位置，就出现了一个高大的壮汉。他一身黎族人的民族服装，头上还扎着头巾，可是只有一只眼睛。绝对是蚩变的！

神农出手如电，赭鞭一甩，啪的一声就缠住了蚩的脖子。我把桃木剑对准蚩的独眼："你敢动一下，就让你变成瞎子！"

蚩做梦也想不到，自己刚偷到一件充满仙灵之气的宝贝就被我们给抓住了。一愣神的工夫，小个子的小猪屏蓬已经把蚩的上衣解开，从里面拿出来一个包袱皮，打开一看，正是被偷走的龙被王！

还没顾得上高兴，我们就发现自己被包围了。我们身后出现了一大群十几米高的树人，每一个都长得像椰子树，不过树上结的果实不是又大又圆的椰子，而是一串串熟透的槟榔果。

神农脱口而出："槟榔树人？"

从一串串槟榔果里跳出好几个小精灵，他们兴奋地说："神农大神，你好厉害！我们刚发现这个妖怪小偷，他就被你们给抓住啦！我们是槟榔精灵，请求加入你的植物精灵军团！"

神农哈哈大笑，蜚眼珠一转，趁机挣脱了赭鞭想要逃走。不过，一个槟榔树人出手如电，一把就把蜚仰面朝天地按在了地上，紧接着把一串槟榔果塞进了蜚的嘴里。小猪屏蓬又给蜚加了一个定身术，这下蜚没法变身逃走了。

小猪屏蓬和槟榔树人把一大串槟榔果塞进了蜚的嘴里，用藤条把嘴封住了，还把他的身体五花大绑起来。狐翎蹦蹦跳跳地跑了回来，开心地说："我们赶紧用隐身术把龙被王送回去，然后就把蜚封印了！"

第二十八回

吃槟榔瘟兽放臭屁
郭半仙慧眼识妖孽

　　狐翎做事细心，我们一致决定让狐翎用隐身术悄悄地把龙被王送回原处。狐翎不一会儿就完成任务跑了回来，还带回来一个情报："我发现在前面不远处的雨林苗寨有妖气，肯定是那三个瘟兽在寨子里！"

　　神农咬牙说道："来不及封印蜚了，咱们先去捉住那三个坏蛋，再一起封印他们。"

　　我觉得有些不妥：这些瘟兽实在是太难捉了，万一耽误时间，蜚跑了就麻烦了。我们还没商量出结果，就听见蜚的身上传出惊天动地一声响："砰！"

　　紧接着，一股让人作呕的臭气弥漫开来，我们差点被呛晕过去，本能地屏住呼吸赶紧避开。碰巧蜚的定身术时间到了，他赶紧化作一群牛虻逃跑了。

小猪屏蓬气得直跺脚："蚩学会了我的猪猪乾坤屁！太坏了，他还没给我交专利费呢！"

我们也是满腹不解：蚩怎么可能学会小猪屏蓬的猪猪乾坤屁呢？一个槟榔精灵一边咳嗽一边解释："槟榔果能让胃肠道蠕动加快，缓解肚子胀气。没想到这妖怪肚子里的存气有点多，我们给他塞了一肚子的槟榔果，他就放出一个超级毒气弹，这是个意外！"

小猪屏蓬气得直跺脚："一定要把蚩抓回来，下次把他所有漏气的地方都堵住，看他还怎么盗版我的乾坤屁！"

看着小猪屏蓬，我们简直哭笑不得。大家赶紧朝雨林苗寨进发。路上狐翎兴致勃勃地给我们讲起了苗族崇奉的祖先——盘古的故事："据说在很久以前，天地没有分开，却孕育出了一个力大无穷的神，正是盘古大神。盘古大神拿起一把斧子朝四周乱砍，劈开了天地，又把自己的身体化成了世间万物，成为最伟大的神。"

小猪屏蓬举起自己的小钉耙欢呼："猪战神要捉住四只瘟兽，变成最伟大的战神！"

转眼间我们就来到了雨林苗寨，寨子里有很多别致的吊脚楼，很多人家楼下放着大水缸。小猪屏蓬用开天眼的法术好奇地打量那些缸："猪战神觉得，这些缸太适合瘟兽藏身了。"

狐翎说道："藏什么身啊，那些缸都是染缸，里面放的是染料，瘟兽是没法藏在里面的。"

忽然，前面传来了一阵叫好的声音，只见一大群人围在一起，好像在看表演。

神农担心地说："不好，人群里有妖气！瘟兽要是混在人群里面可就麻烦了。"

我们赶紧在隐身术的保护下，爬上了旁边的大树，朝人群里观察。这里在进行一场"上刀山，下火海"的表演，只见一个怪人正在顺着一个由刀子和竹竿捆扎而成的梯子慢慢往上爬，他虽然穿着少数民族的服装，但体形却很奇怪，攀爬的姿势好像鸭子走路，屁股后面还漏出来一条细长的老鼠尾巴！

下面一个在火堆里走来走去的人，模样也很奇怪，长着鹰钩鼻子、猫儿眼，经常盯着人群里的小孩看。我后背冒出冷汗，小声说道："上刀山的人是絜钩变的，下火海的人是跂踵变的！他们想抓人质。"

小猪屏蓬说道："絜钩交给我，狐翎，你收拾跂踵！"

狐翎清脆地答应一声："好嘞！我先给他换一把火！"

神农说道："我也别闲着，来个定身术，别让他们跑了！"

　　三个人同时念起了咒语。神农用定身术把两个坏蛋定在了原地，他们一动也不能动。小猪屏蓬用了一个雷电术，天空出现了一片乌云，就停在刀山上空，不停地往下发射闪电霹雳。这闪电虽然不大，但是刀山上的刀子都是金属的，导电性能一级棒，只见一道道电流不停地绕着刀山上下游走，絜钩瞬间就露出了原形。他被电得不停惨叫，羽毛四处乱飞。再看跂踵，他更惨，他的妖火被狐翎换成了三昧真火，神火、狐火、毕方火一起烧，跂踵也现出了原形，瞬间浑身的毛都被烧光了，四周弥漫着一股难闻的气味。

　　两只瘟兽要不是拼命用妖气抵挡，估计早就灰飞烟灭了。不过现在他们可是求生不得、求死不能，想跑也跑不了。

　　看到这一幕，围观的人群一声惊叫四散奔逃。突然一阵狂风大作，飞沙走石，我们全都被吹得睁不开眼。狐翎反应最快："这肯定是蜚召唤的妖风，这是闻獜的超能力！"

　　可是，我们在大风里却无能为力。神农大声念起了咒语："天之光，地之光，日月星之光，神光照十方！"

　　天空中霞光万道，大风被镇住了。可是等我们再睁开眼睛，絜钩和跂踵已经被救走了。

　　我们也不灰心，循着瘟兽留下来的妖气，继续追踪下去。

第二十九回

甘什村船屋抗妖风
小槟榔召唤三南药

瘟兽又跑到了甘什黎村，这是一个百年的黎族村落，这里的房子看起来就像一艘艘倒扣着的船。小猪屏蓬好奇地问道："为什么要把房子盖得像条船呢？是不是想下海的时候，就把房子翻过来？"

狐翎说："黎族人才没有你想的那么无聊，他们建造的这种房子叫作船型屋，冬暖夏凉，完全就地取材，连台风都吹不坏。"

"哦？"小猪屏蓬惊讶地张大了两张嘴。

这个时候，天已经黑下来了，我们决定在这个村子附近露天过夜。现在，我们已经完全习惯了风餐露宿，什么样的环境也难不住我们。

我们躺在树叶搭成的草垫子上，刚有一丝困意，就听到了蜚的声音："还想睡觉？你们过得也太滋润了吧？都给我起来，赶快迎接四位瘟神的挑战！"

我们全都跳了起来。今天四只瘟兽怎么会有这么大的胆子，竟敢公开发起挑战！

神农低声说道："打仗没问题，咱们去那边山里打，这里是村庄，会误伤人的！"

絜钩蹲在一棵树上阴阳怪气地说："我们就是特意挑选人多的地方来大决战的，你们没的选！"

小猪屏蓬举起钉耙就冲上去了："你们保护村庄，四只瘟兽都交给我！"

我心里一阵紧张，总觉得不对劲，赶紧拦住小猪屏蓬。没想到四只瘟兽也连连摆手："不打不打，咱们比法术！你们如果输了，就不许再追我们；如果你们赢了，我们就老老实实投降，任凭你们处置。"

这可是我们从来没有遇到过的情况，四只瘟兽肯定有诡计。我赶紧看向了狐翎，因为狐翎有读心术，这个秘密四只瘟兽可不知道。狐翎一直在盯着几只瘟兽看，她忽然对我点点头，一副胸有成竹的样子。我松了口气，看来狐翎已经知道了瘟兽的诡计，而且还有了应对之策，让狐翎指挥战斗，我们一定稳操胜券。

我点点头说："我们同意这个比赛条件。你们说，怎么比？"

跋踵喊道："我们用法术对攻，我们进攻的时候你们不许还手；你们进攻的时候，我们也不还手。谁要是动了，就算输！"

狐翎淡定回答："没问题。"

蜚赶紧说道："三局两胜，第一回合比刮风，我先出手！"这个无赖话音刚落，就对我们施起了法术。现在我们都明白这家伙打的是什么主意了。他认为自己的妖风一定可以把那些黎族村民的船型屋吹飞，我们肯定会去救人，那样我们就违反了比赛规则，输定了。可是他万万没有想到，船型屋最大的特点就是扛风。神农拉着我和狐翎纹丝不动，小猪屏蓬把自己的九齿钉耙戳进地里，也没有移动分毫。不过这一阵大风，让游人全都离开了景区，这下我们倒是松了一口气，可以放手一搏了。

四只瘟兽没想到蜚的狂风除了把游人吓跑，几乎没有任何破坏力，都傻眼了。小猪屏蓬叫道："你们刮完风了，现在轮到猪战神刮风了！普告万灵，土地祇（qí）灵，左社右稷（jì），不得妄惊，心向正道，内外澄清，太上有命，搜捕邪精。风伯速来！"

一只长着孔雀脑袋的鹿突然出现在我们身边，他的头上长着角，满身都是豹子的花纹。小猪屏蓬对怪兽说道："风伯爷爷，把风口袋借我用用！"

怪兽突然变成了一个秃脑袋的老爷爷，他笑嘻嘻地从腰上解下一个布口袋递给小猪屏蓬。小猪屏蓬接过来，对准蜚打开了口袋，说了一声："拜拜！"

一股狂风突然从口袋里吹出来，蜚大叫着被吹上了天，眼看着他的身影越来越小，最后彻底没影了。

　　另外三只瘟兽都惊呆了。他们想逃跑，但是觉得自己肯定跑不过风口袋。没想到小猪屏蓬把风口袋还给了风伯："谢谢风伯爷爷，你的任务完成了！"

　　风伯笑呵呵地原地消失了。小猪屏蓬对三只瘟兽喊道："第二回合，比什么？"

　　趺踵结结巴巴地说："比……比……比放毒！"

　　我们都愣了一下：甘什黎村的船型屋虽然能抵抗台风，但是肯定不能扛毒；如果瘟兽放毒，我们怎么办？

　　但是狐翎面带微笑地说："没问题，有什么阴招损招，你们就尽管使吧，我们说话算数！"

　　趺踵咬咬牙说道："好！那就别怪我们不客气了！"

　　趺踵、絮钩和猴同时张大了嘴，一股股黑色的妖气源源不断地对着我们喷出来，在空中变成了一个张开血盆大口的恶魔，似要把整个甘什黎村都吞到肚子里……

　　我一阵心慌，不知道狐翎要怎么应对。只见神农大声说道："槟榔树，就看你们'四大南药'的本事了！"

　　我们身后的一棵槟榔树突然说话了："神农放心吧！'四大南药'可不是浪得虚名。兄弟们，干活儿了！"

　　一大团淡绿色的烟雾突然从我们身后的植物里面飘了出

来，散发着淡淡的药香，迎着三只瘟兽的毒气就飘了过去，一瞬间毒气就烟消云散了。

三只瘟兽都傻眼了。小猪屏蓬沉稳地说："第二回合该我还击了。"他淡定地转过身，脱下裤子对着三只瘟兽，只听咚的一声响，一个猪猪乾坤屁冲了出去，三只瘟兽直接被气浪打飞了。不等他们稳住身子，狐翎甩手一团神火就扔了出去，同时嘴里喊道："卧倒！"

我和神农赶紧趴在地上，只听惊天动地的一声响，小猪屏蓬的乾坤屁被引爆了。等我们抬起头来的时候，哪里还找得到三只瘟兽的影子啊！

神农拍拍脑袋上的泥土问道："小猪屏蓬，你放屁干吗还脱裤子？"

小猪屏蓬一边系裤子一边淡定地说："因为没有任何一条裤子能在放完乾坤屁后不变成开裆裤。"

我们的身后爆发出一阵掌声和笑声，几个笑得东倒西歪的小精灵跑了出来。槟榔精灵赶紧向我们介绍，他们就是和槟榔一起号称"四大南药"的**砂仁**、**益智仁**和**巴戟天**。

这一战我们赢得漂亮，虽然四大瘟兽从我们眼前消失了，但是我们都坚信，不久的将来，我们一定可以捉住四大瘟兽！

植物知识卡：砂仁

砂仁是姜科植物阳春砂、绿壳砂或海南砂的干燥成熟果实。砂仁可作药用，对脾胃气滞、宿食不消、呕吐泻泄、湿浊中阻等有一定功效。

植物知识卡：益智仁

益智仁是一种中药，是姜科山姜属植物益智的成熟果实。益智仁有健脾、抗利尿、减少唾液分泌的作用。由于益智仁含有心脏正常工作时必需的多种营养成分，所以它还有增强心脏功能的功效。

植物知识卡：巴戟天

巴戟天是一种多年生木质藤本植物，开白色花朵，结红色果子。巴戟天的根茎是一种名贵中药材，民间有"北有人参，南有巴戟天"的说法，对小腹冷痛、风湿痹痛、筋骨痿软等有一定的治疗效果。

第三十回

蜈支岛降落观海廊
火焰树水战情人岛

我们继续追踪瘟兽的妖气，从槟榔谷飞了 30 千米，来到了**蜈支洲岛**。蜈支洲岛和分界洲岛一样，也是一个独立在海中的小岛。蜈支洲岛距海岸线最近的距离只有 2.7 千米，因小岛的形状像一种被当地人叫作"蜈支"的海洋生物而得名。

景区知识卡：蜈支洲岛

蜈支洲岛是海南省三亚市北部海棠湾内的独立小岛，是国家 5A 级旅游风景区。蜈支洲岛东西长 1400 米，南北宽 1100 米，岛上有观海长廊、情人岛、观日岩、金龟探海等几十个旅游景点。

我们降落在岛上的观海长廊——修建在海边的木质走廊和平台。这里的海水清澈见底，在浅滩的礁石上，好多可爱的小螃蟹在忙碌地觅食，一群群热带鱼在水里游来游去。小猪屏蓬想去捞鱼，被狐翎一把揪住猪耳朵拉回了队伍中。

狐翎指着蜈支洲岛的东北角喊道："快看，那个方向仙灵之气和妖气纠缠，肯定有瘟兽，咱们赶紧加速！"

我们很快飞到了小岛东北角的海边，发现岸边有两座遥遥相望的大石。

小猪屏蓬眨巴着四只眼睛说道："根据猪战神的经验，这

两块大石头肯定有吸引人的神话传说。"

　　狐翎点头说道："你说对了，传说这两块石头是南海龙王的女儿和她的丈夫变成的。龙王的女儿爱上了凡人，想永远跟他生活在岛上。龙王非常生气，一怒之下就把他们变成了石头。当地人就把这两块巨石叫作情人岛。"

　　神农说道："咱们赶紧飞过去，瘟兽已经在情人岛吸取天地灵气了！"

　　两块巨石的附近，突然狂风大作，本来平静的海水变得波涛汹涌，巨大的海浪拍打在情人岛上，激起的海浪好像下起了瓢泼大雨。岸边的游人一下就散开了，都向蜈支洲岛中部退去，我们却在隐身术的保护下直接冲向情人岛的巨石。

　　忽然，巨石后面露出一个独眼怪物的脑袋。瘟兽再一次变身了，这次变得超级恶心，好像一只巨大的鬣（liè）蜥（xī），满身都是疙疙瘩瘩的鳞片，背后还有两对翅膀，一对野鸭子似的翅膀，一对像猫头鹰的翅膀。看到我们飞过来，他猛地张开大嘴，一股狂风朝我们刮了过来，把我们几个人又刮回了岸边。

　　小猪屏蓬怒气冲天："这家伙太可恶了，竟然想霸占情人岛的巨石。猪战神不信邪，我一定要冲过去！"

　　为了不被狂风吹回来，小猪屏蓬借了神农的药鼎，他把药鼎抱在怀里蹚着海水走向情人石。小猪屏蓬得意地大笑："嘿嘿！这下风刮不动我了。瘟兽，等猪战神抓住你，保证揍得你连亲妈都认不出来！"

瘟兽合体变成的怪物看着小猪屏蓬走近了，突然又张开大嘴，这次喷出来的是一股海水，夹杂着雷电的力量，比狂风的威力还要大。雷电是雷泽雷神的力量，看来雷神已经被猴炼化了。海水好像是被高压水枪喷出来似的，水柱比树干还粗。小猪屏蓬抱着青铜药鼎倒飞回来，一屁股坐在地上，摔了个四脚朝天，头顶的猪毛也全都竖起来了。

小猪屏蓬和妖怪打架很少吃亏，这次如此狼狈，把他给气坏了。他正要举着九齿钉耙再冲上去，却听见身后传来一片喊声："神农大神，猪战神，我们来帮忙啦！"

回头一看，海边跑来了一大群树人战士，看长相有两种：一种树人的树冠像雨伞，开满了粉红色的花朵，花朵分外娇艳；另一种树人个头矮一点，树冠里开满了郁金香一样的花朵，整个树冠就像一大团燃烧的火焰。

每个树冠里都跳出一个植物小精灵，据他们自我介绍，个头高一点的叫**美丽异木棉**，也叫美人树；个头矮一点的叫**火焰树**，又叫喷泉树。

植物知识卡：美丽异木棉

　　美丽异木棉又叫美人树，是木棉科的一种乔木，高12~18米，树冠像一把大伞，树干粗大，开粉红色花朵；满树花朵开放的时候，非常艳丽好看，所以又叫美人树，是一种庭院绿化和美化的高级树种。美丽异木棉的根部庞大，树皮富含纤维，有较强的抗风能力。

植物知识卡：火焰树

　　火焰树是一种高可达10米的乔木，树皮平滑，灰褐色，叶片呈椭圆形。火焰树开花时，花朵多而密集，花色猩红，花姿艳丽，形状像火焰，尤其满树开花的景象更为壮观，所以叫火焰树；又因它的花朵形状像郁金香，所以也叫郁金香树；在非洲，它的花朵可以储存雨水或露水供饮用，又叫喷泉树。

　　一看来了帮手，狐翎毫不犹豫地念起了移形换位术的咒语：

　　"上天下地，断绝邪源，乘云而升，穿水入烟。移形换位术！"

　　狐翎和瘟兽合体变成的怪物瞬间交换了位置，这下狐翎跑到了情人岛上，而长翅膀的"大蜥蜴"出现在我们的面前。瘟兽一直搞不懂我们这个法术，他发现自己突然进入了我们的包围圈，一下子呆住了。神农抢起青铜药鼎，狠狠地砸在了"大蜥蜴"的脑袋上，把他砸得眼冒金星；小猪屏蓬一耙子就打在了"大蜥蜴"的屁股上，把他的尾巴砸断了。

　　"大蜥蜴"疼得一声怪叫，张开大嘴对着我们喷出气流。不过这次不管用了，因为美丽异木棉树树人手拉手，好像一堵墙挡在了我们面前，他们庞大的根系深深地扎进大地，"大蜥蜴"的狂风只不过吹落了一地的花瓣。

　　"大蜥蜴"看狂风没效果，又开始喷水。这次火焰树人挺身而出，不仅用自己的身体挡住了水流，还用所有的花朵把"大蜥蜴"喷出的水吸干了。没想到火焰树的花朵还能储水。"大蜥蜴"猛然张开大嘴，恶狠狠地朝我咬了过来，看来是想把我当作突破口，从这里冲出去。我赶紧甩手扔出了乾坤圈，一下套住了"大蜥蜴"的嘴。

　　神农、小猪屏蓬和树人战士们一起冲上去，把"大蜥蜴"死死按在了地上。眼看"大蜥蜴"就要变成我们的俘虏了，他突然变成了一团混着黑雾和妖气的牛虻，嗡的一声四散奔逃了。

第三十一回

观日岩惊现大海龟
仙人血现身补能量

狐翎从情人岛上飞了回来，焦急地喊道："瘟兽没有离开蜈支洲岛，咱们快去**观日岩**吧！

景点知识卡：观日岩

观日岩位于蜈支洲岛东南悬崖，站在岩上可以俯瞰整个海南岛。观日岩像一尊天然的大石佛，面向大海，日夜修炼；还像一只缓缓爬向大海的巨龟，因此又被称为金龟探海。每天早上，绯红的太阳从海边缓缓出现，日出景观壮美异常，此处是绝佳的海上观日点。

神农赶快把新来的伙伴火焰树精灵和美丽异木棉精灵都收进了《神农本草经》里，然后和我们一起向观日岩飞去。现在太阳落山了，天色暗了下来。小猪屏蓬郁闷地坐在地上叹气："唉，咱们不会要在大石头上过夜吧？这个地方睡觉硌得慌……"

神农忽然指着海边的一块巨石说："你们看，下面那块大石头看起来很奇怪呢！我怎么觉得它好像在动？"

狐翎仔细看了看说："那块巨石也是蜈支洲岛上的一个景点，叫作金龟探海。石头的整体形状和花纹都酷似一只大海龟。你觉得它会动，是因为海浪不断拍打石边，好像巨龟的腿在划水，是错觉。"

神农连连点头："哦，大自然真神奇！"

我们正说得热闹，旁边却传来了呼噜二重奏，小猪屏蓬已经抱着钉耙躺在石头上睡着了，两个猪脑袋此起彼伏地打着呼噜。现在他也不觉得石头硌得慌了，就像躺在床上一样睡得香甜。

狐翎对我和神农挤挤眼，故意大声说："师父、神农，我也困死啦，咱们都躺下凑合睡一晚吧，吹着海风也不错。"

我知道狐翎肯定是发现了什么，赶紧和神农躺在小猪屏蓬的身边："今天确实累死了。睡觉睡觉！"

我和神农假装打起呼噜来，等待瘟兽偷袭我们。连日奔波真是太累了，我差点真的睡着了，迷迷糊糊的时候，忽然听到了一点细微的岩石摩擦的声音——刺啦、刺啦……

我偷偷把眼睛睁开一条缝，竟然看到观日岩的边缘，慢慢升起来一个好像巨蟒一样的大脑袋，吓得我差点跳起来。看到狐翎和神农都在悄悄地对我使眼色，让我不要动，我只好努力继续打呼噜装睡。借着明亮的月光，我看得清清楚楚，原来那个大脑袋不是蟒蛇，而是一个大海龟，越看越像我们天黑前看到的那个金龟探海景点的石龟。神农没有看错，四只瘟兽果然是暂时收敛了妖气，藏身在石龟里，然后趁着半夜，又伪装成石龟来偷袭我们。实在是太阴险了！

"石龟"终于悄无声息地爬到了我们身边。他慢慢张开大嘴，恶狠狠地朝神农咬了过去。小猪屏蓬忽然一个鲤鱼打挺跳了起来，抢起耙子就打在了"石龟"的脑袋上："坏蛋，去死吧！"

九齿钉耙在"石龟"的脑袋上打出一片火星，"石龟"里传来了瘟兽的惨叫声。不过，这一下重击，并没有让瘟兽合体失去战斗力，他回过头，对着小猪屏蓬就喷出一股黑色的毒气！

我们几个人瞬间就觉得手脚发软，全身无力，瘫倒在地上。"石龟"得意地狂笑："哈哈哈！我们吸收了天地灵气，可以更好地掩盖妖气，还能大幅增强毒气的毒性，这下感觉不错吧？哈哈哈……"

蜚的笑声戛然而止，整个观日岩突然爆发出一片金光，晃

得我们全都睁不开眼。独眼巨人大叫一声，瞬间就解体了，变成了四只瘟兽狼狈逃窜了。

狐翎长出一口气："好危险啊！刚才这金光其实是佛光，因为观日岩的形状就像是一尊天然的大石佛，同样聚集了大量的仙灵之气，所以我才选择在这个地方引诱瘟兽上钩。可是我真的没想到，瘟兽的毒气变得这么厉害了，咱们差点都成了瘟兽的俘虏。"

黑暗里突然跳出来一个漂亮的植物小精灵，看样子那是个小女孩，头上长着粉紫色的花朵和一串深紫色的果实。她蹦蹦跳跳地朝我们跑过来，嘴里喊道："神农大神，我是**密鳞紫金牛**精灵，当地人叫我仙人血树，我来帮你们治疗！瘟兽用的毒气其实并不是毒气，而是能让你们血虚气弱、瞬间就失去战斗力的妖气。我的树皮可以帮你们养血，快速恢复状态！"

我们一边道谢，一边接过密鳞紫金牛精灵递过来的树皮塞进嘴里嚼起来，不一会，身上的力气就恢复了。神农热情地邀请密鳞紫金牛精灵加入我们的植物精灵军团，小精灵欣然接受。她还主动提出帮我们站岗放哨，让我们好好休息一下。

观日岩是个有佛光保护的地方，早上还可以顺便看看日出。我们都觉得这是个绝佳的方案，也确实累得受不了了，就地躺在大石头上，进入了甜美的梦乡。

植物知识卡：密鳞紫金牛

密鳞紫金牛是一种高 6~8 米的小乔木，是紫金牛科植物里具有较高观赏价值的一种，也是著名的药用植物。密鳞紫金牛原产于海南岛，因花、果、叶都有类似鳞片的纹路而得名。密鳞紫金牛开的圆形的小花粉红泛紫；果子是球形，颜色从初长成时的青绿慢慢变红，再到紫黑。其树皮入药，有养血化瘀的功效，对血虚气弱引起的全身乏力、骨节酸痛等病症有一定的治疗作用。

第二天一早，天还没亮，密鳞紫金牛精灵就把我们叫醒了。绯红的太阳从东方的海平面上缓缓升起，让我们一饱眼福，同时也让疲惫一扫而光。

我们查看昆仑镜，发现四只瘟兽的气息越来越远，离开了三亚市，也离开了海南岛，正向北方的大陆飞去。小猪屏蓬踩着小祥云第一个冲上了天空："冲呀，别让瘟兽跑远了！"

我们紧跟小猪屏蓬起飞，在清晨的阳光下加速飞行。

看着逐渐远离的海南岛，我们一起挥挥手："再见啦，美丽的海南岛。希望下次来的时候，能轻松畅游！"

让我们循着神农的足迹，去打卡海南的著名景点、认识海南的特色植物吧！

木棉

龙血树

鬼树 扇叶露

菩提树

长寿谷

梵钟苑

南山文化旅游区

南山寺

出发地

酸豆树

南山海上观音像

鹿树 尖峰岭

大小洞天景区

尖峰岭国家森林公园

母生树

五指山

多花兰

岩军将

桃金娘

通天树

木荷

尖峰岭天池

千年夫妻榕

鸣凤谷

槟榔

呀诺达雨林文化旅游区

垂叶榕

梦幻谷

雷公笋

三道谷

喉血封
见血封
树

金毛狗

红树

水满河热带
雨林风景区

铜鼓岭

风箱树
大

古
龙

伏波古道

东山岭

马鞍
荼树

轻木

蝴蝶树

水椰

榄仁树

沉香

分界洲岛

东灵寺

金牛

密鳞紫

美丽
异木棉

→ 结束地

火焰树

观日岩

槟榔

益智仁

蜈支洲岛

槟榔谷黎苗
文化旅游区

马缨

· 生僻字注音表 ·

狐翎（líng）

赭（zhě）鞭

蜚（fěi）

牛虻（méng）

絜（xié）钩（gōu）

跂（qǐ）踵（zhǒng）

犾（lì）

痢（lì）疾

鳌（áo）山

东麓（lù）

大鳖（biē）

俯瞰（kàn）

祛（qū）瘀（yū）

夯（zhà）毛

阖（hé）家幸福

天罡（gāng）大圣

珙（gǒng）桐（tóng）

傀（kuǐ）儡（lěi）

屏（bǐng）住呼吸

顶盔掼（guàn）甲

鹜（wù）

勒（lēi）死

汩（gǔ）汩

霰（xiàn）弹

孔雀雉（zhì）

戛（jiá）然而止

盘壳栎（lì）

一小撮（cuō）

灰烬（jìn）

玉笏（hù）

鹧（zhè）鸪（gū）

仓颉（jié）

鸡竺（zhú）庵

管辖（xiá）

闻獜（lín）

蝠（fú）鲼（fèn）

捻（niǎn）

獠（liáo）牙

桄（guāng）榔（láng）

孤陋寡（guǎ）闻

蜜饯（jiàn）

夔（kuí）牛

鼓槌（chuí）

闭鞘（qiào）姜

土地祇（qí）灵

左社右稷（jì）

鬣（liè）蜥（xī）

图书在版编目（CIP）数据

山海经神农历险记. 海南篇 / 郭晓东著 ; 灌木文化
绘. -- 成都 : 天地出版社, 2025. 4. -- ISBN 978-7
-5455-8602-2

Ⅰ. Q94-49

中国国家版本馆CIP数据核字第2024GL6925号

SHANHAIJING SHENNONG LIXIANJI HAINANPIAN

山海经神农历险记·海南篇

出 品 人	陈小雨　杨　政
监　　制	陈　德
作　　者	郭晓东
绘　　者	灌木文化
策划编辑	凌朝阳　王　敏
责任编辑	凌朝阳
责任校对	张月静
美术编辑	田丽丹
排　　版	北京宏扬意创图文设计制作中心
责任印制	高丽娟

出版发行	天地出版社
	（成都市锦江区三色路238号　　邮政编码：610023）
	（北京市方庄芳群园3区3号　　邮政编码：100078）
网　　址	http://www.tiandiph.com
电子邮箱	tianditg@163.com
经　　销	新华文轩出版传媒股份有限公司

印　　刷	北京瑞禾彩色印刷有限公司
版　　次	2025年4月第1版
印　　次	2025年4月第1次印刷
开　　本	880mm×1230mm　1/32
印　　张	6.5
字　　数	118千字
定　　价	35.00元
书　　号	ISBN 978-7-5455-8602-2

"小猪屏蓬奇幻冒险"系列

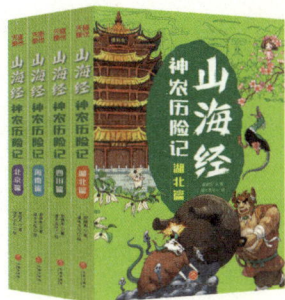

冒险、探秘、寻宝、对抗
让孩子一读就停不下来

◎ 正邪交锋的激烈战斗＋经典有趣的传统文化，激发孩子的阅读兴趣

◎ 湖北、四川、海南和北京4个省（市）共100+ 景区和100+ 植物知识卡，助力孩子认识祖国的大好河山，拓宽知识面

◎ 图文并茂的景点和植物打卡页，增加了书籍的互动性

◎ 文末的"生僻字注音表"帮助孩子扫清阅读障碍

《山海经神农历险记》

畅游奇幻封神世界
趣读热血英雄故事

◎ 保留封神故事主线，还原原著经典情节

◎ 新增主角人物，赋予经典故事新生命力

◎ 全书第一人称叙事，开启沉浸式冒险

◎ 去掉封建、暴力、血腥等情节，打造纯净阅读体验

◎ 增加"成语大讲堂""封神榜知识卡"，积累语文知识

◎ 每本书后附"生僻字注音表"，扫除阅读障碍

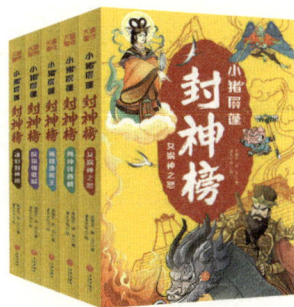

《小猪屏蓬封神榜》

解锁故宫百科　探秘山海传说

◎ 连接故宫和《山海经》的奇幻故事

◎ 全方位介绍故宫历史、建筑、文化、艺术等相关知识

◎ 附赠超大尺寸故宫平面图，全方位了解故宫格局

◎ 故宫博物院前副院长李文儒、儿童文学作家海飞诚意推荐

《小猪屏蓬故宫历险记》